NHKスペシャル

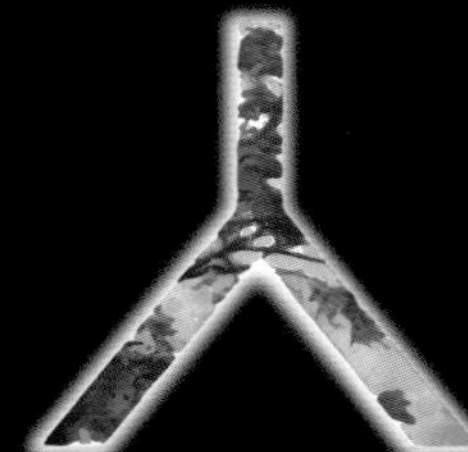

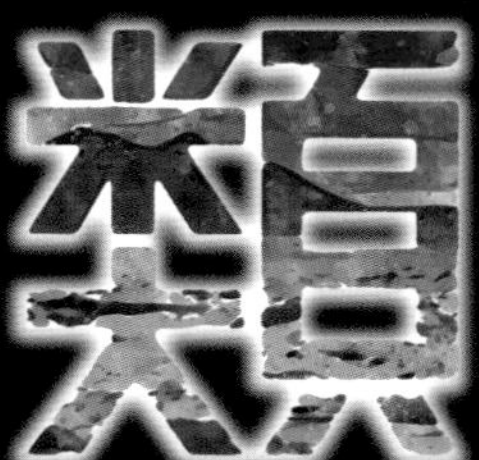

かつて地球上には20種におよぶ人類が、時には共存しながら誕生と絶滅を繰り返してきた。
しかし、今生き残っている人類は私たちホモ・サピエンスだけ。
なぜ私たちだけが生き残ることができたのか？　その秘密をたどる人類誕生 700万年の旅。

Ardipithecus ramidus
アルディピテクス・ラミダス

Australopithecus afarensis
アウストラロピテクス・アファレンシス

Homo habilis
ホモ・ハビリス

Homo erectus
ホモ・エレクトス

Homo neanderthalensis
ネアンデルタール人

Homo sapiens
ホモ・サピエンス

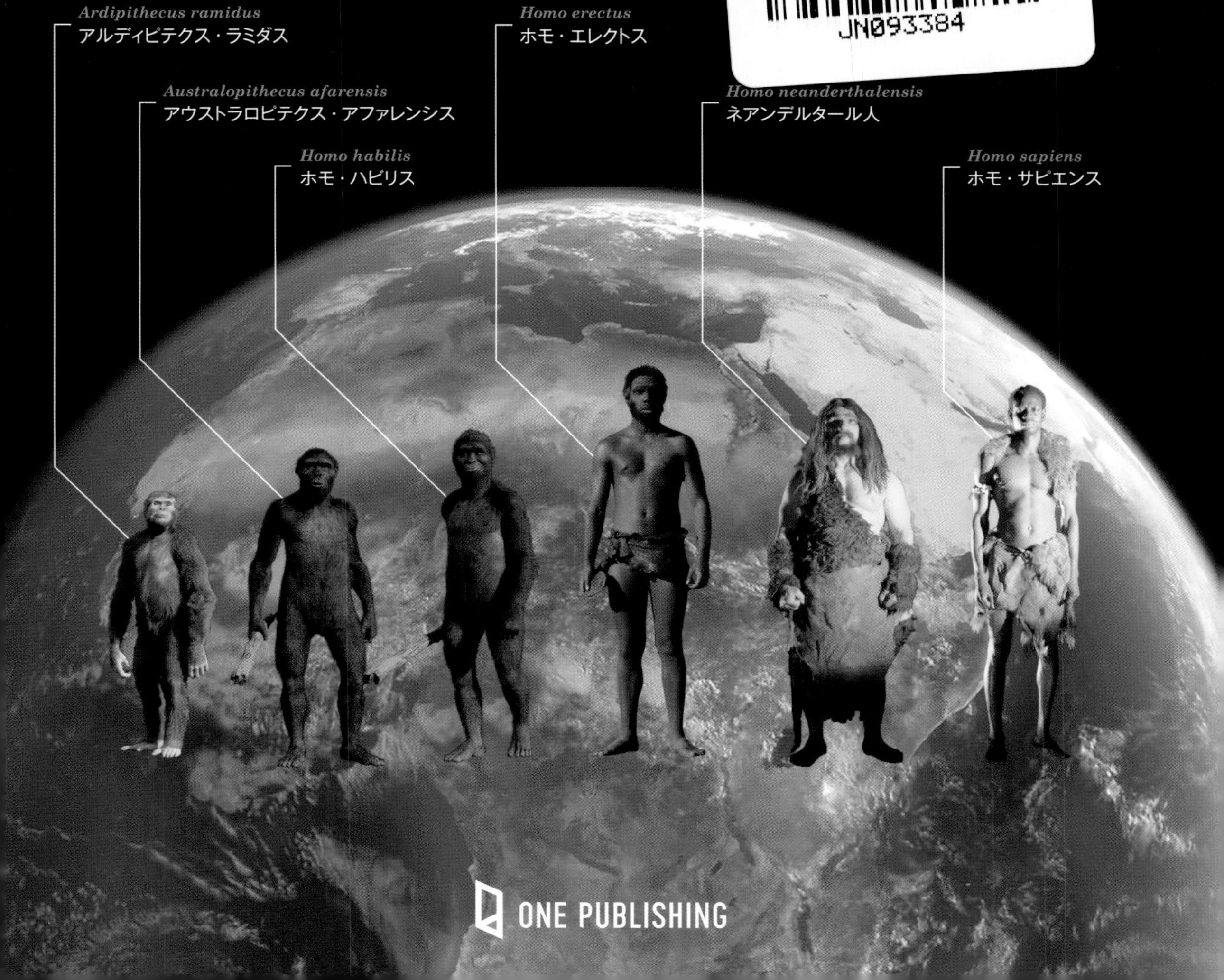

ONE PUBLISHING

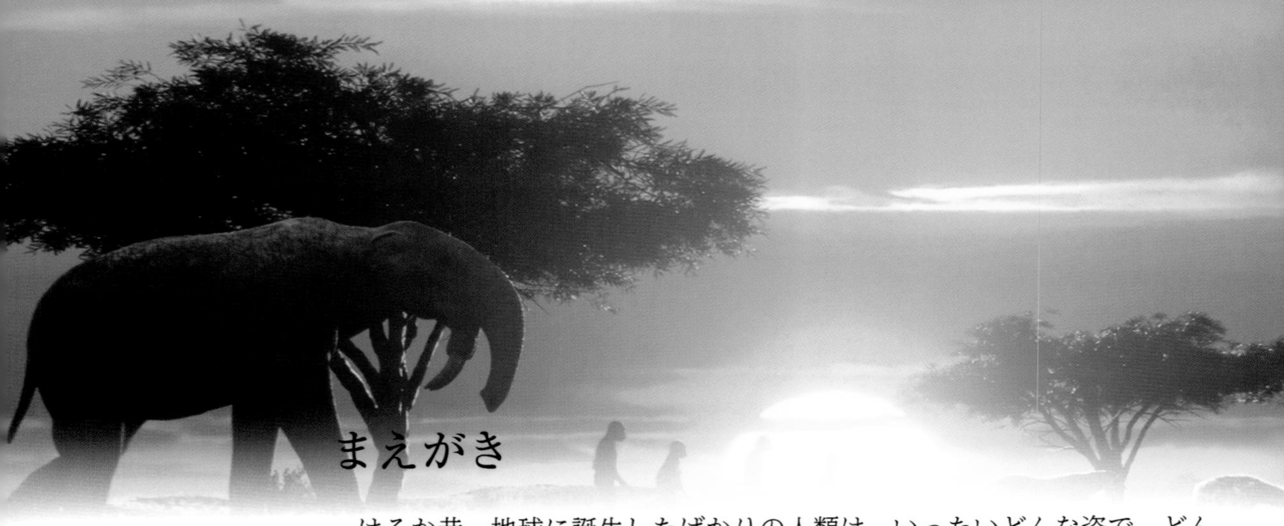

まえがき

はるか昔、地球に誕生したばかりの人類は、いったいどんな姿で、どんな暮らしをしていたのだろうか？　そして、アフリカのありふれた生き物に過ぎなかった人類は、いったいなぜ、地球の覇者となるまで繁栄することができたのだろうか？

NHK スペシャル「人類誕生」は、そんな素朴な疑問からスタートした番組です。

目指したのは、700 万年におよぶ人類進化の歴史をまるごと描くこと。中でも最もこだわったのは、人類の祖先の姿を、あたかも「その場で見たかのような」リアルさで映像化することでした。

とはいえ、その姿を目にした人は誰もいません。もちろんカメラで撮影できるわけでもありません。いったいどうすれば、リアルな人類の祖先を映像化できるのか？　途方に暮れているときに目にしたのが、スクウェア・エニックスが全編 CG で制作した映画でした。登場するキャラクターには、CG という言葉から想像する冷たさは微塵もなく、まるで魂が宿っているかのような温もりさえ感じました。このクリエイターたちの力を借りれば、これまで見たことがないようなリアルな人類の姿を描けるのではないか？

こうしてゲーム会社と NHK との“異種格闘技”とも呼べる共同作業が始まったのです。制作期間は 2 年、共通の目標にしたのは「世界に誇れる日本発のコンテンツを作る」ことでした。

最初に取り組んだのは、映像を作るために必要な情報のリサーチ。それは想像を絶する作業でした。いくつかの映像は、すべてを CG で描く「フル CG」だったため、画面を構成するあらゆるもののデータが必要だった

からです。地面に生えている草、森の木の種類、そこに暮らす昆虫や動物まで、大きさ、形、色などさまざまなデータをできる限り集める日々が始まりました。そして、収集したデータに基づいて、ひとつひとつがCGで描き起こされ、それをさらに専門家にチェックしてもらい修正。こうして少しずつ、映像ができあがっていったのです。映像制作の手法の違いから、時に誤解や衝突も起きました。しかし、そうした違いも乗り越え、最後には世界的にも類を見ない、驚異のクオリティの映像が完成したのです。

この映像制作を支えたのは、日本はもちろん、世界中の専門家や研究者の協力です。番組に登場するCGは決してファンタジーではなく、可能な限り科学的根拠に基づいて制作されました。

最新の学説や世界各地の発掘現場での取材をもとに、超高精細な4K映像によって描かれた、まったく新しい人類進化700万年の歴史。それは「優れた者が生き残る」という進化の物語とは少し違います。人類は、その長い歴史の中で、わかっているだけで20種類も誕生し、絶滅を繰り返してきました。その中で、辛くも絶滅の危機を乗り越えた祖先たちが命をつないできたのです。そこには、約束された勝者も、必然の敗者もいませんでした。時には強者が絶滅し、弱者が生き残ることもありました。実は、運命を分けたのは偶然のめぐり合わせによるところが大きかった。私たちが今ここに生きているのは、まさに奇跡だったのです。

NHKスペシャル「人類誕生」制作統括　**柴田周平**

CONTENTS

PART 3 ホモ・サピエンス ついに日本へ！

Interview
世界の研究者が語る人類学の最前線

COLUMN

ホモ・サピエンス――人類進化700万年の

地球46億年の歴史の中では、私たちホモ・サピエンスが登場するのはごく最近の出来事ともいえる。現在生き残っている唯一の人類種である私たちは、実は奇跡とも思えるような偶然に導かれるように進化を遂げてきたのだ。そして今、これまで考えられてきたその進化の歴史は、最新の発掘成果や遺伝子研究によって大きくその姿を変えつつある。奇跡と発見に彩られた、人類進化700万年の新たな物語が始まっているのだ。

その誕生とサバイバル
物語

NHKスペシャル「人類誕生」の前に
——人類以前「類人猿」からホモ・サピエンス誕生まで——

国立科学博物館人類研究部　名誉研究員
馬場悠男

私たちと私たちの心は、いつ、どこで、生まれて育ったのか、ご先祖さまの人類を見ていこう。

最初のご先祖さま（初期猿人）は、およそ700万年前にアフリカの森で生まれた。やがて、いくつかの人類種（猿人）に分かれていったが、かわいそうに多くは絶滅してしまった。乾燥した草原で工夫を凝らして生き残った人類の一部（原人と旧人）は、約180万年前以降にユーラシアに拡がり、大いに繁栄したが、私たちに進化することはなかった。

それなら、私たちはいつ、どこで誕生したのだろうか。そう、私たちホモ・サピエンス（新人）は、約20万年前にアフリカに残った人類から生まれたのだ。そして、絶滅の危機を乗り越えて、およそ8万～5万年前に世界中に広がっていった。

私たちの心も、最近のめざましい調査研究によって、その芽生えが見えてきた。初期猿人の男性は家族を思って二足歩行を始めたらしい。猿人では親が子の手を携えて歩いていた。原人ではみんなで老人を介護し、旧人は死者を埋葬した。そして新人の男女（？）は、はるかな昔から化粧をして首飾りをつけていた。その効果を認識していたのだ。さらに、別種の人類と愛を育んだことがあった。あなたのDNAにその証拠がある。

本書のもとになったNHKスペシャル「人類誕生」の番組に沿って物語を始める前に、人類以前のご先祖さまに敬意を払ってから、人類になったご先祖さまがいかに進化したか、その要点を紹介しよう。

▲チンパンジー

人類は類人猿の一種

私たちの高度な認知能力は、霊長類としての森の暮らしが培った汎用性の上に、草原の暮らしを開拓した好奇心が加わって、人類の長い進化の過程で徐々に形成されたのだろう。

そこで、最初の舞台は2000万年前のアフリカだ。森が広がり、果物が好きな類人猿の仲間が繁栄していた。物をにぎる手、よく動く肩関節、雑食性の歯、前向きの眼による立体視、表情豊かな顔、身体の割に大きな脳は、そのときに獲得されたものだ。チンパンジー

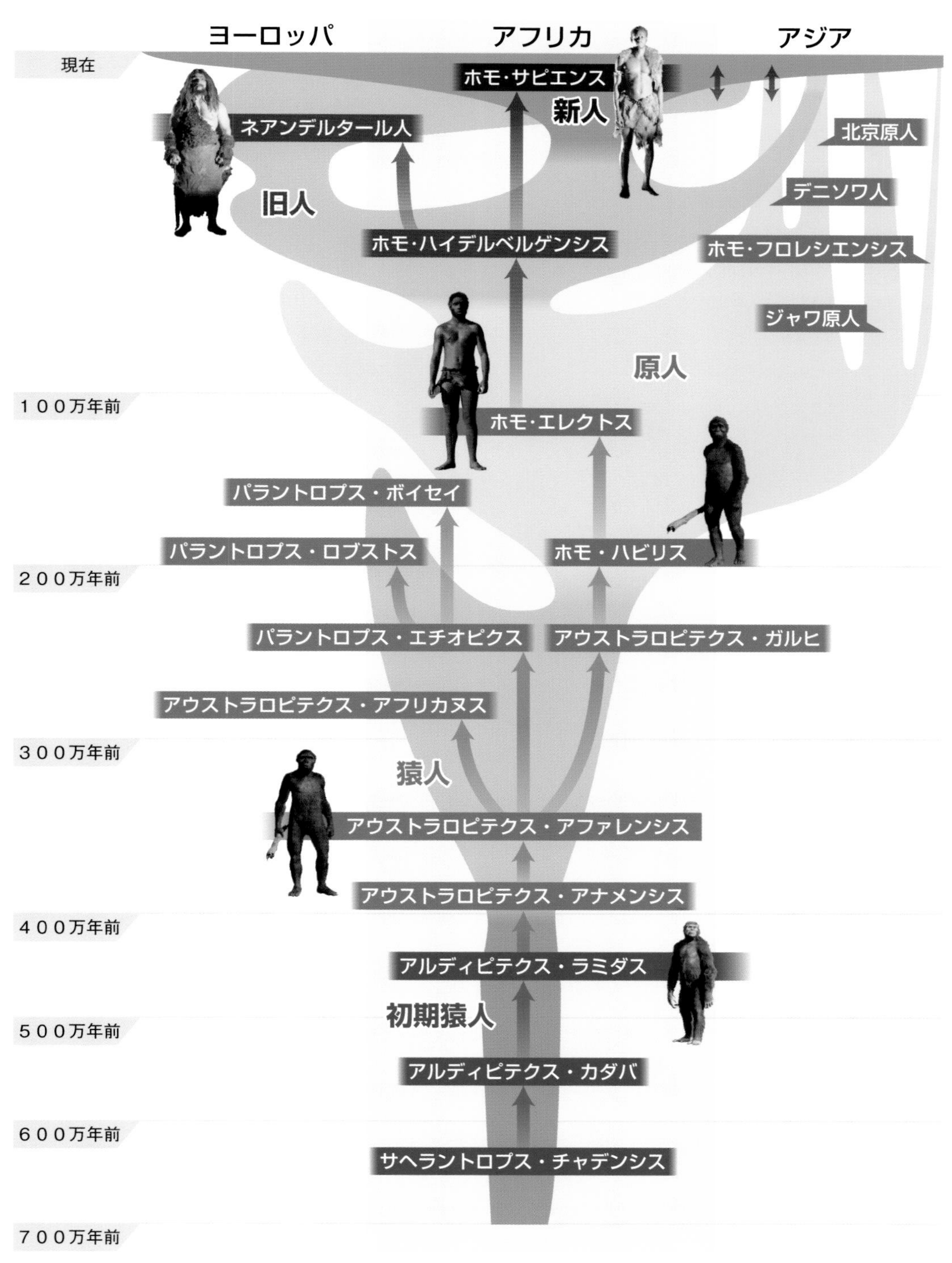

▲主な人類の系統関係と段階的進化および分布域のイメージ。アメリカとオーストラリアはアジアの続きだが、ここでは省いてある。両矢印は、ネアンデルタール人あるいはデニソワ人の一部が新人と混血した可能性を示す。ネアンデルタール人の学名はホモ・ネアンデルタレンシスである（原図＝馬場悠男）。

を見るとよくわかる。

しかし1000万年ほど前から、大地は徐々に乾燥し、豊かな森がまばらな林に、そして乾いた草原に変わり、類人猿の仲間は徐々に数を減らしていった。その代わりに数を増したのは、ニホンザルやヒヒのようなサルの仲間だった。彼らは、子供が多く、成長が早かった。果物だけでなく硬い種子や草を食べ、乾燥した疎林や草原で生きることができた。

▲アヌビスヒヒ（写真提供：馬場悠男）

ところが、衰退しつつある類人猿たちの中で、二足歩行を活かして草原に進出し、危険な捕食者に対抗してなんとか生き延び、世界中に拡散した特殊な類人猿がいた。彼らこそが、私たち人類にほかならない。サルたちとの競争という意味では、最終回逆転満塁ホームランだ。

▲サバンナモンキー（写真提供：馬場悠男）

なお、現在もケニアやタンザニアでは、さまざまな動物が森と草原を行き来している。その場に身を置くと、大昔にご先祖さまが広い草原へ出ていこうとした緊張感と決意が肌で感じられる。

人類の進化を理解するために

私たちヒトに最も近縁な動物はチンパンジーだが（遺伝子は98%以上共通）、ヒトはチンパンジーから進化したのではない。両者とも、アフリカの森林で樹上に住んでいた共通の祖先の類人猿から、約700万年前以降、別々に進化してきたのだ。そして、ヒトはもっぱら地上を直立して二足歩行し、チンパンジーは地上ではナックル歩行をするようになった。

▲チンパンジーのナックル歩行
（写真：photolibrary）

この「ヒト」は生物学的な種としての和名であり、学名は「ホモ・サピエンス（ホモ属のサピエンス種／*Homo sapiens*）」である。そして「人類」は世界中の人間（ヒト）の総称だが、ここでは人類誕生以来の（つまりチンパンジーとの共通祖先から分かれたあとの）すべての人類種を総称する名称として使われる。

人類は、進化の過程で数個の「属」と20個以上の「種」に分かれたが、それらを約700万年前以降の初期猿人（アルディピテクス・ラミダスなど）、約400

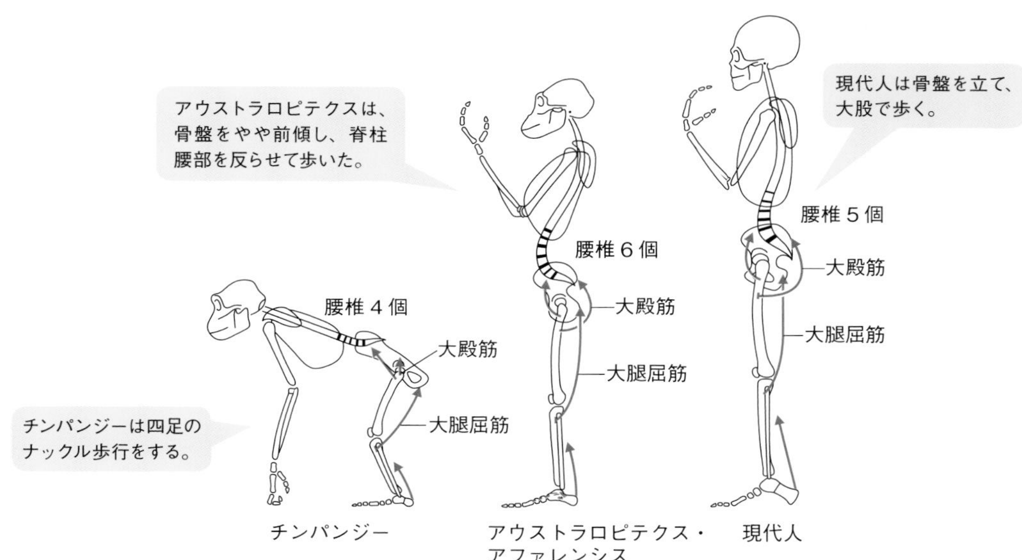

▲チンパンジー、アウストラロピテクス・アファレンシス、現代人の骨格と下肢の筋肉を示す模式図。股関節を駆動して推進力を出す主な筋肉は、チンパンジーでは大腿屈筋、アウストラロピテクスでは大殿筋と大腿屈筋、現代人では大殿筋である（原図＝馬場悠男）。

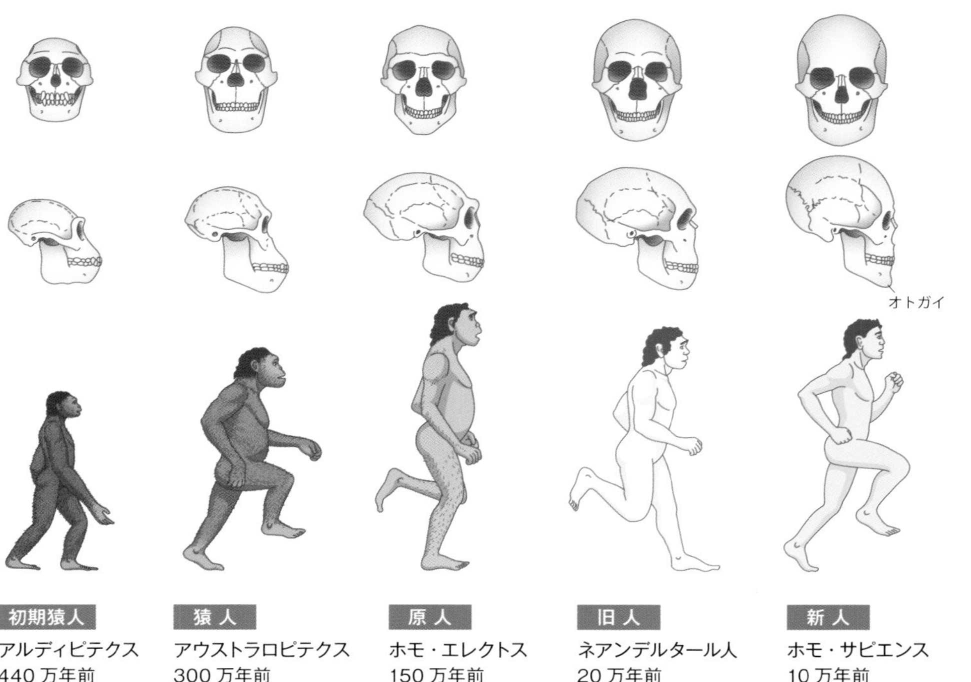

▲祖先の人類の代表的な頭骨略図と生体復元イメージ。初期猿人は足にアーチ構造がないので、長い距離を歩くことはできなかった。猿人の上半身がたくましいのは、木登りのためよりも草原で捕食者に対抗するためと考えられる（原図＝馬場悠男）。

▲石刃と石核

▲ムスティエ型の剝片石器

▲アシュール型のハンドアックス

▲オルドヴァイ型の礫石器
（※４点とも写真提供：馬場悠男）

万年前以降の猿人（アウストラロピテクス・アファレンシスなど）、約240万年前以降の原人（ホモ・エレクトスなど）、約70万年前以降の旧人（ホモ・ハイデルベルゲンシスなど）、約20万年前以降の新人（ホモ・サピエンス）という段階にまとめることができる。

人類がほかの動物と違う特徴（人類の独自性）を獲得したのも段階がある。まず直立二足歩行の発達、そしてほぼ並行して犬歯の退化による攻撃性の減少、次に居住環境あるいは食物の違いがもたらす歯とアゴの発達や退縮、さらに大脳の発達とそれに伴う道具の使用や言語の発達、そして長寿命化という順序である。なお、道具使用の基礎として親指の発達による拇指（ぼし）対抗把握能力も重要だった。

道具の代表である石器は、猿人の一部が使った可能性もあるが、初期の原人（ホモ・ハビリス）が石を打ち欠いただけの石器（オルドヴァイ文化）を作り始めた。原人と旧人は水滴形の石器（アシュール文化）を、旧人と初期の新人は計画的に作られた剝片（はくへん）石器（ムスティエ文化）を、そして後期の新人は細長い石刃（せきじん）石器や細石器（オーリニャック文化など）を作った。

人類の居住した地域と気候帯は、徐々に拡大した。初期猿人と猿人はアフリカの熱帯と温帯、原人はアフリカとユーラシアの熱帯から温帯まで、旧人はさらにユーラシアの亜寒帯まで、新人はさらに加えてユーラシアの寒帯から世界中へと進出した。

サピエンスの世界拡散

約20万年前、アフリカで、旧人の中から新人（ホモ・サピエンス）が誕生した。彼らは、戦略的な創意工夫の能力を持ち、用途別に作られた石器を使いこなし、多様な食物を得ることができた。そして、仲間や敵の心がどのように働くかを読むことができた。それこそ、高い共感能力に裏づけられた「私たちの心」が初期の新人ですでに完成されていたことを示している。旧人までは環境の変化には身体的な適応がかなり重要だったが、新人に進化してからは精神的・技術的な手段に

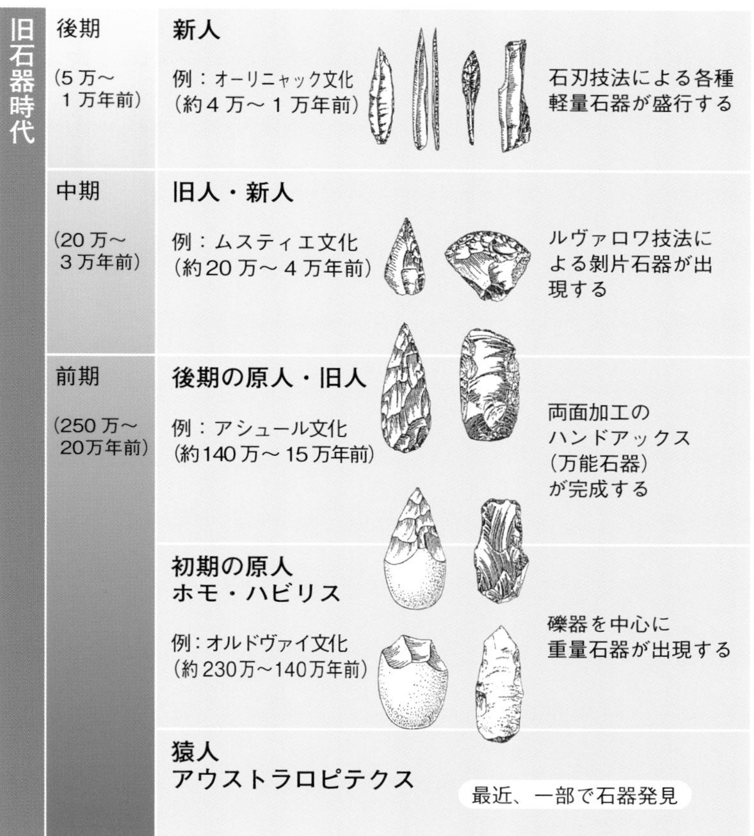

◀石器の発達。年代が新しくなるほど、一定の大きさの石材から多くの刃を作り出すことができるようになり、技術すなわち認知能力の発達がわかる（図版＝「日本人はるかな旅展」図録より改変）。

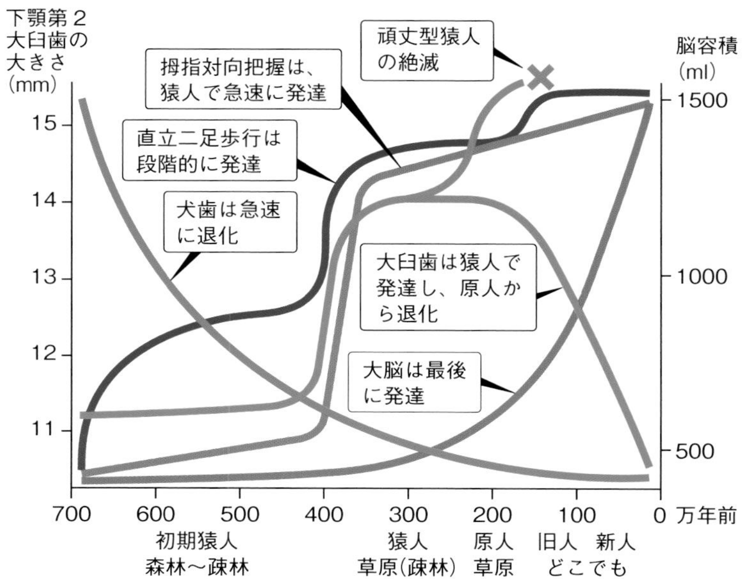

◀人類の独自性の発達イメージ。直立二足歩行は、初期猿人のときに始まったが、猿人で大きく飛躍し、原人のときに完成した。犬歯は、初期猿人のときに急速に退化したので、オスの攻撃性が減少したと見なされる。拇指対向把握は、猿人のときに発達し、木の棒などをしっかり持てるようになり、のちの道具使用に役立った。臼歯は、猿人が草原に進出した際に硬い食物を食べるために発達し、原人以降では道具の使用とともに退縮した。大脳の拡大（長寿化も）は遅く、原人の出現以降に急速に発達した（原図＝馬場悠男）。

▲ネアンデルタール人とホモ・サピエンスは共存していた。

▲サピエンスは海を渡り世界に拡散した。

よる適応がはるかに重要になったのだ。その結果、身体が華奢になり、咀嚼器官としての顔も退縮していった。

たぐいまれな能力を持ったサピエンスは、アフリカから、約８万年前にアラビア半島の東海岸を経由して、あるいは約５万年前に地中海東岸地域（レバント）を経由して、ユーラシアに拡散していったと考えられている。そして各地の原人や旧人を滅亡させ、地球に生き残る唯一の人類種となってしまった。ただし、ゲノムの分析から、サピエンスは旧人や原人と部分的な混血をし、彼らのDNAの一部を自らのDNAとして受け継いでいることがわかってきた。

それでは、ご先祖さまのヒストリー、すなわち私たちサピエンスの誕生とサバイバルの物語を、700万年前からたどっていこう。

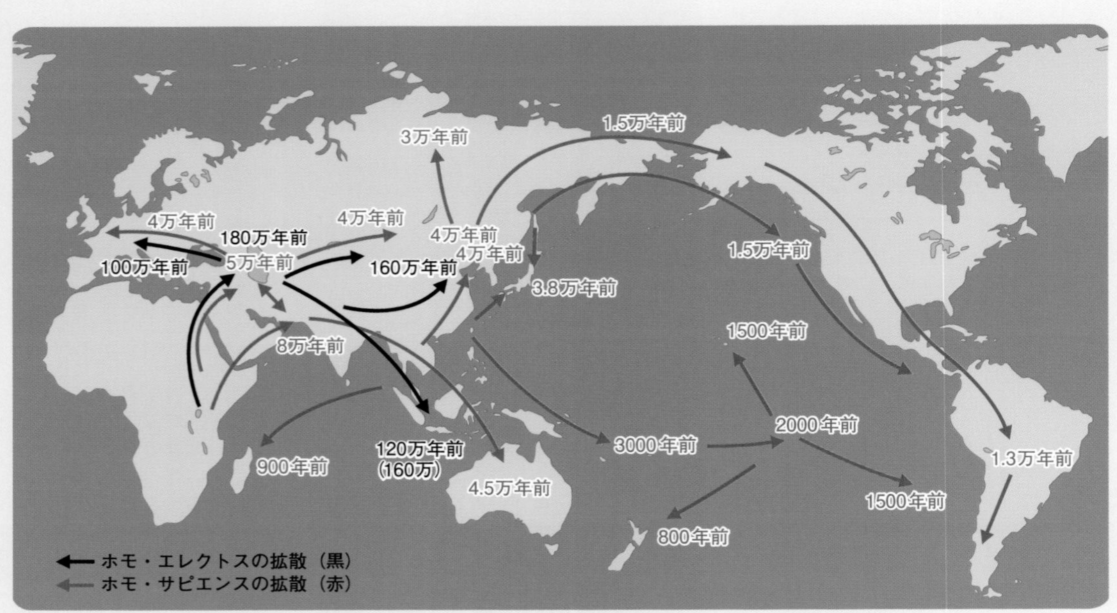

▲原人（ホモ・エレクトス）と新人（ホモ・サピエンス）の拡散を示す模式図。拡散のルートや年代は一般に支持されている大まかなイメージ。原人は、約180万年前にアフリカからユーラシアに拡散したが、海を越えられなかった。新人は、8万年前あるいは5万年前にアフリカから拡散を始め、短期間で世界中に拡散した（原図＝馬場悠男）。

PART 1

こうしてヒトが生まれた

人類揺籃の地といわれるアフリカ。
最初に直立二足歩行を始めたのは、この地に生息していた類人猿の仲間だった。
大きな気候変動がもたらす環境の激変に適応しながら、
私たちの祖先はアフリカで徐々に進化を遂げていった。

人類の直立二足歩行はアフリカの森で始まった

人類を人類たらしめる直立二足歩行を、私たちの祖先はいつ頃、どのように獲得したのだろう。近年の化石の発見によって、最初に二本足で歩き始めたアルディピテクス・ラミダスの姿が明らかになってきた。

人類だけが行っている直立二足歩行

人類と類人猿を区別するうえで、大きな指標のひとつとなるのが直立二足歩行だ。

類人猿でも、たとえばチンパンジーは二足歩行ができるし、イヌやクマなどのように、一時的に二足歩行を行う動物もいる。また、一部の恐竜は常時二足歩行を行っていた。

しかし、これらの動物は二足歩行はできるものの、いずれも骨格の構造上、「直立」はしていない。ペンギンは直立して二足歩行しているように見えるが、実際は膝が曲がった状態で歩いている。同様に、ほかの動物も常に膝が曲がっていたり、脊柱が傾いていたりして、直立していることにはならない。上体と脚を地面に対して垂直に立てた姿勢で、二本足で歩く、つまり直立二足歩行ができるのは人類だけなのだ。

人類が二足歩行を始めたのはサバンナではなかった

では、人類はいつ頃から直立二足歩行を行うようになったのだろうか。

これまで、人類の進化は、初期の人類が暮らしていたアフリカ大陸の気候変動と関連づけるのが主流だった。

アフリカ大陸で発生した地殻変動（P24参照）によって気候の乾燥化が進み、森林が減少してサバンナ（草原）が広がっていった。その環境の変化に適応するため、人類は二足歩行をするようになり、自由になった手を使うことで脳の発達が促されたとする考え方で、「サバンナ起源説」とも呼ばれる。

要するに、人類が二足歩行を獲得したのは、森を出てサバンナで生活するようになってからのことだと考えられていたのである。

ところが、近年になって新たな初期猿人の化石の発見が相次ぎ、この長年の定説が覆されることになる。たとえば、現時点で最古の人類とされるサヘラントロプス・チャデンシス（約700万～600万年前）は、骨格の様子（発見されている頭骨の大後頭孔（だいこうとうこう）が下を向いている）から直立二足歩行をしていた可能性が高いが、一緒に発見された化石に、草原の動物だけでなく、森の動物と水生の動物のものが含まれていた。また、チャデンシスよりも新しい時代の初期猿人の化石も、森林で生活する動物の化石とともに見つかっている。

つまり、人類は森を出て、生活の場をサバンナへ移してから立ち上がったのではなく、森に暮らしていたときから、すでに直立二足歩行を始めていたのだ。

▲現在の東アフリカ・エチオピアで人類化石が発見されているのはサバンナや砂漠地帯だが、アルディピテクス・ラミダスが生息していた440万年前は緑の森が広がっていた。

▲①森で暮らすラミダス。

▲②③④⑤樹上生活を送っていた森の住人の中で、まっすぐに立って二本足で歩きまわれるのはラミダスだけだ。この能力こそが人類の生き残りを左右することになったのだ。

直立二足歩行ができた森の住人 アルディピテクス・ラミダス

現時点で、人類が二足歩行を始めていたことが確実と思われる最古の存在が、初期猿人アルディピテクス・ラミダスだ。

カリフォルニア大学バークレー校のティム・ホワイト教授、東京大学の諏訪元教授、エチオピア人研究者のベルハニ・アスフォー氏たちは、東アフリカのエチオピア、ミドルアワッシュ地域で長期にわたって発掘調査を行っていた。

1992年12月17日、諏訪教授がそれまでに知られていた初期の人類とは異なる大臼歯を発見した。その数日後には、乳小臼歯がついた下アゴの骨のかけらも見つかった。

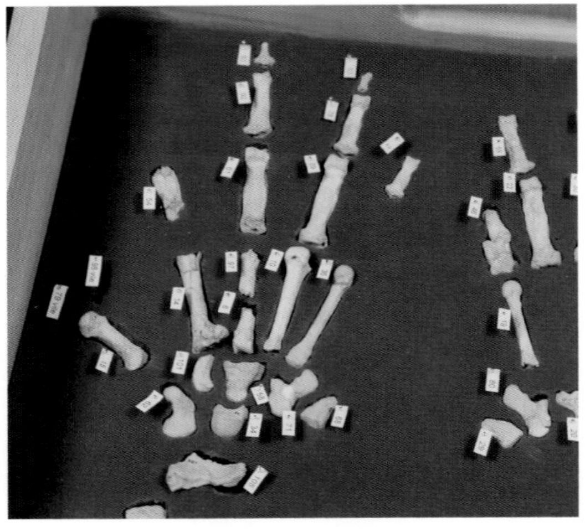

▲ラミダスの手の化石。親指以外の指が長いことが、木にぶら下がって移動する生活を送っていたことを示している。

それ以来、徐々に断片的な化石が発見される中で、1994年から1995年にかけて、女性の個体骨格化石が見つかった。その化石が発見されたのは浸食が進む地層の表面で、もし調査がもう少し早ければ、化石は地層から出現しておらず、反対にもう少し遅ければ、軟らかく壊れやすい骨格化石だけに、その多くの部位が粉々になって消失してしまっていた可能性が高い。とても幸運な発見だったといえるだろう。

それから10年がかりで化石の復元と研究が進められ、約440万年前に生息していた初期猿人アルディピテクス・ラミダスとして、2009年に学術雑誌『サイエンス』で報告された。

手足の骨や骨盤の形態から復元されたアルディピテクス・ラミダスは、予想に反した姿をしていた。手足は類人猿と似ているものの、骨盤はのちの猿人や私たち現代人にかなり近い形をしていたのだ。

ラミダスの身体的な特徴は次項で説明するが、その骨格の構造や形態から、彼らが直立二足歩行をしていたことは確実だという。ただし、まだ長距離を安定して歩けるほどではなく、地上へはときどき降りていた程度で、彼らの生活の場は樹上が中心だったと考えられている。

また、ラミダスの歯の分析結果からは、果物や木の実といった森の恵みを食べていたことがわかり、そのことからも、彼らが森や疎林を中心に活動していたことがうかがえる。

Column

●最古の人類とは

本書では、直立二足歩行を始めていたことが確実視される最初の人類としてアルディピテクス・ラミダスを取り上げているが、それ以前にも何種かの初期猿人が存在している。

現在、化石が確認されている中で最古の人類とされているのが、サヘラントロプス・チャデンシス（約700万〜600万年前）だ。2001年に中央アフリカのチャドで、考古学者ミシェル・ブルネによって頭骨化石が発見さている。

ほかにも、2000年にケニアで発見されたオロリン・トゥゲネンシス（約610万〜580万年前）、1997年にエチオピアのミドルアワッシュ地域で発見されたアルディピテクス・カダバ（約580万〜520万年前）がいるが、いずれも見つかっているのは歯や手足の骨だけで、残念ながら詳細はわかっていない。

現在もアフリカの各地で、研究者たちによる発掘作業が続いている。もし未知の化石が発見されれば、さらに人類の歴史はさかのぼることになるかもしれない。

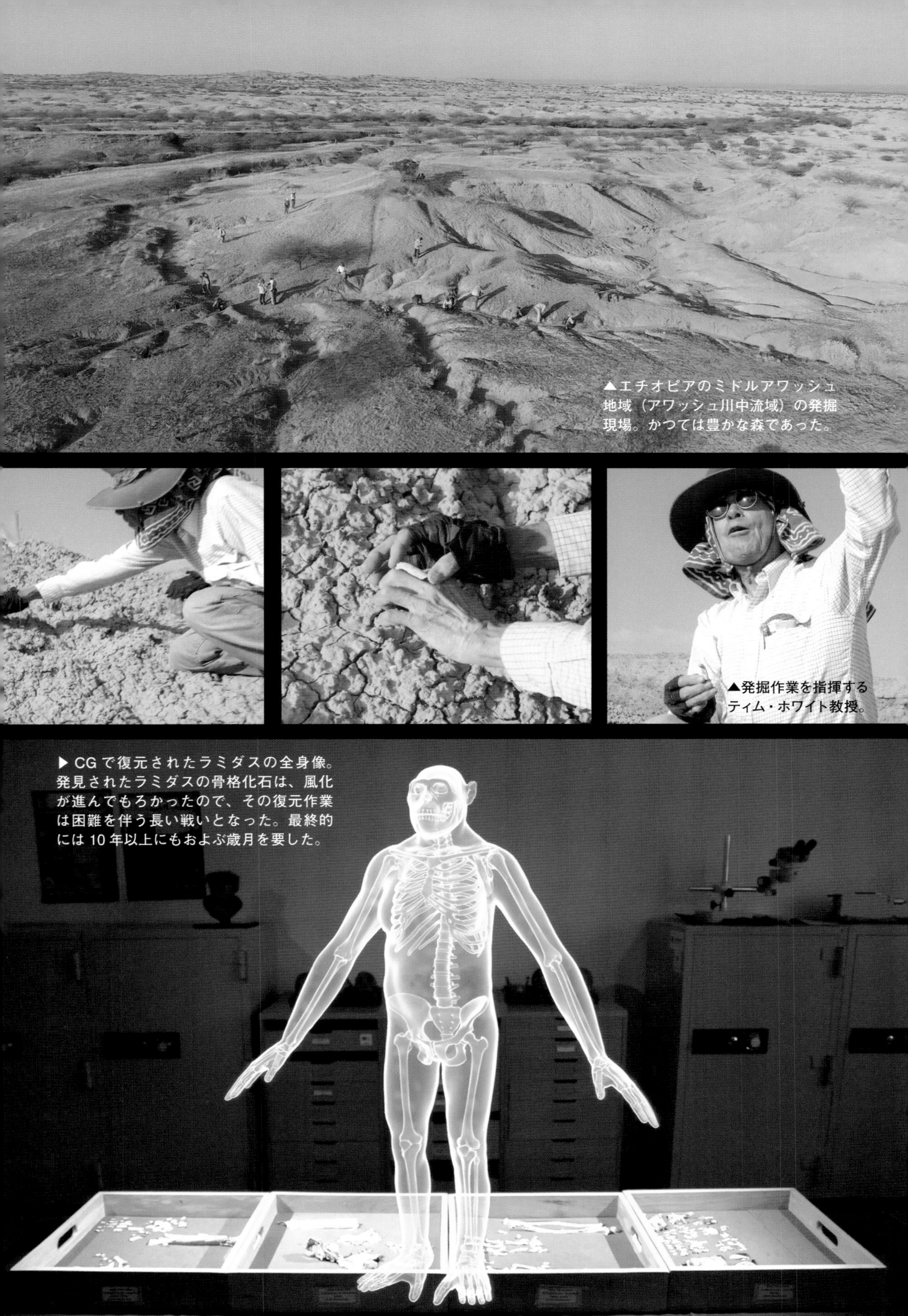

▲エチオピアのミドルアワッシュ地域（アワッシュ川中流域）の発掘現場。かつては豊かな森であった。

▲発掘作業を指揮するティム・ホワイト教授。

▶ CG で復元されたラミダスの全身像。発見されたラミダスの骨格化石は、風化が進んでもろかったので、その復元作業は困難を伴う長い戦いとなった。最終的には 10 年以上にもおよぶ歳月を要した。

二足歩行ができた最初の人類 アルディピテクス・ラミダスとは

樹上で生活をしながら、地上を二本足で歩いていたアルディピテクス・ラミダス。その発見は、人類進化の道筋や直立二足歩行に関するこれまでの常識を覆した。彼らはどんな姿をしていたのだろうか。

直立二足歩行に適した骨盤の形態

アルディピテクス・ラミダスが発見されるまでは、アウストラロピテクスなどの猿人が、直立二足歩行が確認されている最古の人類だった。しかし、ラミダスがアウストラロピテクスよりも原始的な特徴を持つ種であることがわかり、ラミダスとそれ以前の種は初期猿人として分類されることになったのだ。

ラミダスは頭が小さく、手足が長いという姿をしている。手足の様子は類人猿に似ているといっていいだろう。

ラミダスの手は親指が短く、ほかの４本の指が長いことから、４本の指をフックのようにして枝に引っかけ、体重を支えていたことがわかる。また、ヒトのように親指をほかの指と向かい合わせる「拇指対向把握」はほとんどできなかった。ただし、手のひらはチンパンジーほど長くはなく、手首などには類人猿が行う「ナックル歩行」（手の指の中節骨を地面につける歩き方）を示す特徴も確認されていない。

ラミダスの足は親指が大きく、ほかの指との間を広く開くことができたため、木の幹や枝を挟んで木登りを行うのに適していた。足の形状はチンパンジーに似ているものの、二本足で直立しながら、親指以外の４本の指の付け根で地面を蹴り出して歩くことができた。ただ、猿人以降の人類に見られる足のアーチ構造はなく、まだ長距離を歩くのは苦手だったと思われる。

そして、ラミダスの骨盤は、チンパンジーなど四足歩行の類人猿のような縦長ではなく、横に広くなっている。その形は現代人の骨盤にかなり似ている。これは立ったときに下がる内臓を支えるためで、直立に適応した骨盤といえる。

これらのことから、ラミダスは樹上生活を行いながらも、直立二足歩行にも適した身体を持つことがわかり、類人猿と猿人（アウストラロピテクスなど）をつなぐ進化段階の種と決定づけられたのだ。

オス・メスの体格差と犬歯が意味すること

ラミダスは身体の割にアゴと歯が小さい。これは、森や疎林で比較的軟らかい果物を主食としていたことを示している。また、身体の大きさもオスとメスでほとんど違いがなかった。つまり性差が小さいのだ。注目したいのはその犬歯のサイズで、類人猿に比べてオスもメスも犬歯が小さい点だ。

霊長類においては、犬歯は捕食のためではなく、主に脅しと攻撃の道具であり、暴力性の象徴でもある。たとえばチンパンジーの場合、オスの犬歯は非常に鋭く、相手に深くて長い切り傷を与えることを目的としている。彼らが鋭い犬歯を持つのは、敵対する群れを攻撃したり、メスの独占をめぐってオス同士で争い、群れの中で順位を決めるためだ。また、独占したメスに対しても暴力的な振る舞いを見せる。

それに対して、ラミダスのオスの犬歯は小さい。これはオスの暴力性が減少していたことを意味する。つまり、ラミダスの社会では、オス同士の闘争やメスに対する暴力的なアプローチが少なかったのではないかと考えられるのだ。

●アルディピテクス・ラミダス

学名の意味：地上の類人猿のルーツ
発掘地　：エチオピア・ミドルアワッシュ地域
生息年代　：約 450 ～ 430 万年前
身　長　：約 120cm
体　重　：約 40kg
脳容積（頭蓋腔容積）：約 300ml

▲チンパンジー（左）とラミダス（右）のオスの犬歯の比較。ラミダスのほうが小さい。

▲チンパンジーに似た手で、親指以外の指が長く、木にぶら下がりやすい構造を持っていた。

▲足はものをつかめるサルのような形。主に木の上で暮らしていたことがうかがえる。

▲チンパンジーは縦長の骨盤を持つ（上）。現代人は横に広い骨盤を持つ（下）が、これは直立したときに下がってしまう内臓を支えるためだ。ラミダスの骨盤はかなり横に広く（中）、チンパンジーよりも現代人に近いことがわかる。

●ラミダスの 360 度イメージ CG

▲①②③④樹上を自在に行き来するラミダス。ラミダスの長い指は、枝をしっかりつかむことができる。

▲▼⑤⑥樹上から地上に出かけた仲間の様子をうかがうラミダス。気候変動による森の減少で十分な食物が得られなくなったため、やむを得ずときおり地上に降りて、離れた場所から果物などの食物を運んだと考えられる。

▲▼⑦⑧⑨地上の仲間にものすごいスピードで動物が襲いかかる。樹上よりも動きが鈍いために、あっけなく肉食動物に捕食されてしまうこともあっただろう。

▲10 仲間が襲われるところを、なすすべもなく見つめるラミダス。地上に降りて食物を探す生活は、常に危険がつきまとっていたのだ。

◀当時アフリカに生息していたサーベルタイガーの仲間（CG イメージ）。

人類の進化の運命を左右した地殻変動と気候変動

四足歩行の類人猿と共通の祖先を持ちながら、アルディピテクス・ラミダスは直立二足歩行という移動手段を獲得した。いわば「少数派」である彼らが、厳しい生存競争を勝ち残れたのはなぜなのだろうか。

地上での移動には直立二足歩行は不利だった

アルディピテクス・ラミダスが暮らしていた森には、ほかにも多数の動物が生息していた。おそらくラミダスは、さまざまなサルたちに混じって、同じような果物や木の実などを食べながら、彼らと樹上で共存していたのだろう。

直立二足歩行を始めていたラミダスは、森の中ではいわば「少数派」の存在だったが、木々の間を4本の足で器用に渡り歩くサルたちにも劣らず、樹上生活に適応していたと見られる。

ラミダスは地上に降りると二本足で歩いていたようだが、地上での移動方法として、二足歩行が特に有利だったとは考えにくい。木々や生い茂る葉で視界が遮（さえぎ）られる森の中と違って、草原では隠れるところも少なく、肉食動物に狙われる危険性が高い。ラミダスの足はその構造上、まだ長距離を安定して歩くことは難しく、走ったとしても、それほどのスピードは出せなかっただろう。肉食動物から逃げるという点では、むしろ不利な移動手段だったといえる。

しかし、その後「多数派」のサルたちとの厳しい生存競争に「少数派」のラミダスが勝ち残ることになる。その要因のひとつが、ラミダスが二足歩行を獲得していたことにあるという。

豆知識 Q&A

Q：生物の学名のつけ方は？
A：生物の学名は属名と種名を併記することになっている。たとえば、属名「ホモ（ヒト）」＋種名「サピエンス（賢い）」となる。

乾燥化で森が縮小し、手を自由に使えることが有利に働いた

数千万年以上前から続いた大陸移動によって、ユーラシア大陸の南部には、アルプス・ヒマラヤ造山帯と呼ばれる巨大な山脈や高原が形成された。その結果、大気の大きな循環が妨げられ、1000万年ほど前以降、チベット高原から西アジア、アラビア半島、そしてアフリカ北部の乾燥化が進んだと考えられている。

アフリカ大陸の東部でも、ほぼ同じ時期にあたる約1000万～500万年前頃、地下のマントルの上昇によって、アフリカ大陸を引き裂くように、南北7000kmにおよぶ大地溝帯の巨大な谷が形成されていった。その影響で、谷の両側にはいくつもの高い火山が生まれた。それらの山々によって、大西洋から吹いてくる湿った空気が遮られ、大地溝帯の東側は乾燥化が進んでいった。

こうした地殻変動の影響により、アフリカ東部の自然環境も大きく変化していく。乾燥化によって豊かな森が縮小し、木々がまばらな場所が増えてサバンナ化が進んだのだ。果物や木の実なども減り、動物たちは森で食物を獲得することが難しくなっていった。

そんな状況で、ラミダスの二足歩行が有利に働く。手が自由になることで、遠くから食物を持ち帰ることができたからだ。四足歩行の類人猿は、遠くまで食物を探しにいくことはできても、それを持ち帰ることは難しい。こうして、たくさんの競争相手がいる中で、ラミダスは地上にも生活の場を広げることができたのである。

アフリカ東部の乾燥化のしくみ

▲①約 1000 万～ 500 万年前のアフリカ大陸の東部。②地下のマントルが上昇。③大陸を引き裂くように谷ができ、両側には高い火山が生まれる。④南北 7000km におよぶ大地溝帯が形成された。。

▲⑤大西洋からの湿った空気が山脈に遮られる。⑥山脈の東側では乾燥化が進む。⑦木々のまばらな場所が徐々に増えていく。

▲⑧ やがて動物たちの楽園だった森は縮小し、サバンナが広がっていく。果物などの森の恵みが手に入りにくくなっていった。

人類はなぜ直立二足歩行を始めたのか

人類が立ち上がり、直立二足歩行を始めた理由として、これまでもさまざまな仮説が立てられてきた。だが、アルディピテクス・ラミダスの発見によって、より説得力のある「食物供給仮説」が登場した。

直立二足歩行のもうひとつの疑問 人類が立って歩くことを選んだ理由とは

人類の直立二足歩行については、「いつから行うようになったのか」ということのほかに、「なぜ二本足で歩き始めたのか」という点も大きな疑問だ。

その主な理由としては、次のようなことが考えられている。

◆立ち上がって背の高い草の上から顔をのぞかせ、周囲の様子をうかがうため
◆立ち上がって身体を大きく見せ、敵を威嚇するため
◆立ち上がることで身体に日差しを受ける面積を減らし、体温調節するため
◆低木に実っている木の実などを採集するため
◆食物や赤ん坊を運搬するため

おそらく、どれかひとつの理由だけというわけではなく、複数の要因が重なっていたと思われるが、決定的な答えはまだ出ていない。このように諸説ある中で、近年、特に有力な仮説と考えられているのが「食物供給仮説」だ。

オスがメスにアピールする手段としての「食物供給仮説」

この仮説を提唱したのは、アメリカ・ケント州立大学のオーウェン・ラブジョイ教授で、アルディピテクス・ラミダスの化石の研究に携わったひとりでもある。ラブジョイ教授はラミダスの化石の分析結果や、現生霊長類の繁殖行動を参考にしたうえで、「オスが直立二足歩行で自由になった手で食物を運び、特定のメスに供給した」と推測している。

そもそも、霊長類の移動手段としては、二足歩行は四足歩行よりも速度が極めて遅く、エネルギー消費のうえでも効率がいいとはいえないのだ。それでも、初期猿人が直立二足歩行を行うようになったことには理由があるはずだ。

直立二足歩行の主な利点として考えられるのは、「物を持って運ぶことができる」という点である。初期猿人にとって、わざわざ運ぶだけの価値がある物とはなんだろうか。それは食物だ。

では、なぜ貴重な食物を発見したオスが、すぐに自分で食べてしまうのではなく、それをメスのところへ運ぶのだろうか。実は、こうした行動はヒト以外の霊長類の中では見られないものだ。オスがメスに食物を分け与えるのは、その見返りとして性的に受け入れてもらうためと考えられる。

ラミダスは発見された化石から犬歯のサイズがとても小さいことがわかっている（P21参照）。犬歯の退化は、オスが外敵に対する戦いや、オス同士のメスをめぐる争いに犬歯を使わなくなった証拠だ。暴力性が減少したオスは、メスにアピールするために、暴力に代わる新たな手段を身につける必要がある。それが、「メスに食物を供給する」ことなのだとラブジョイ教授はいう。

▼オーウェン・ラブジョイ教授。

▲❶❷乾燥化が進んで森が縮小したため、動物たちは森を出て食物を探しに行かなければならない。

▲▼❸❹❺❻木から降りたラミダスは、草原では二足歩行で歩き、離れた場所にある食物を調達しにいくことができた。

メスは「優しいオス」を選ぶようになった

一方、メスにとってもメリットは大きい。まずは、オスが積極的に食物を運んでくれることによって栄養面で充実し、丈夫な子供を産めるようになるという点だ。あるいは、オスがすみかや集団から離れて食物を集めにいくことで、肉食動物などに捕食される危険を引き受けてくれるため、メスは襲われる危険性が低くなり、子供を安心して育てることができるようになる。

メスの立場としては、できるだけ安定して自分に食物を供給し続けてくれるオスを選びたいところだ。そこでメスは、ほかのオスとの戦いや争いごとに最も関わりそうにないオス＝より犬歯の小さなオスを受け入れるようになる。こうして、メスが食物供給者として「優しいオス」を選ぶことで、オスの犬歯の退行がさらに進み、オスとメスの体格差も少なくなっていったと考えられる。

ただし、オスに恒常的に食物を供給させるには、メスは常にオスを性的に受け入れる必要がある。そこでメスの身体は、一年の中で限られた時期に発情するのではなく、ヒトのように頻繁に発情する（毎月定期的に排卵する）、あるいは発情を曖昧にして、特定のオスだけを恒常的に受け入れるようになっていった。

ところで、こうした一連の流れは、「オスの犬歯が小さくなった」→「オスがメスに食物を供給するようになった」→「直立二足歩行をするようになった」というように、どれかひとつのことが先行したり、一方通行で起こったことではない。ラミダスのオスとメスに起こった変化は、さまざまな要因が相乗的に働き、プラスのフィードバックとなって徐々に進んでいったものなのである。

このように、人類が直立二足歩行を行うことの利点と、それが効率的に子孫を残すことにつながる点をうまく説明できるとして、ラブジョイ教授の食物供給仮説は広く支持を集めているのだ。

Column

●人類進化のイメージは間違っていた？

ヒトの祖先が二足歩行を獲得していく様子を表した、下図のようなイラストを見たことはないだろうか。スタートには四足歩行の類人猿がいて、それがだんだん二足歩行の姿勢になっていく、というように描かれている。

図のスタートにいる類人猿は、手の指にある中節骨の背を地面につけて歩く「ナックル歩行」の姿で描かれている。ナックル歩行は、チンパンジーやゴリラなどが地上を歩くときの特徴的な歩き方だ。彼らと共通の祖先を持つヒトも、進化したばかりの頃には、彼らと同じように四足歩行をしていたと長い間考えられてきた。

しかし、近年になって、サヘラントロプス・チャデンシスやアルディピテクス・ラミダスなどの森に住んでいた初期猿人の化石が発見され、その骨の様子から、彼らがすでに二足歩行を獲得していたことがわかってきた。ヒトの祖先は地上で四足歩行から二足歩行に移行したのではなく、森での生活の中で、すでに直立して歩くことができていたのだ。

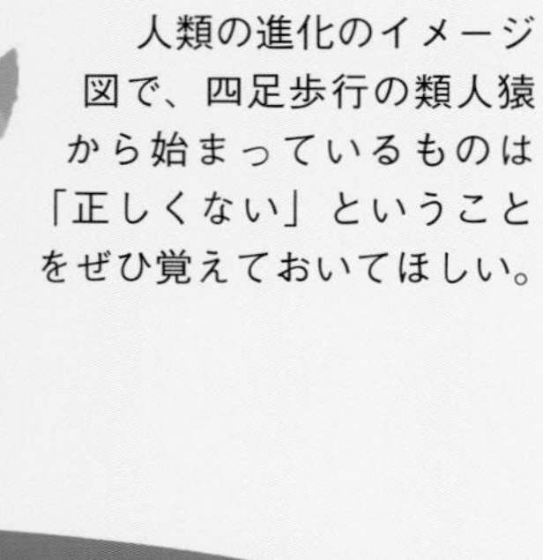

人類の進化のイメージ図で、四足歩行の類人猿から始まっているものは「正しくない」ということをぜひ覚えておいてほしい。

▲⑦⑧すみかから離れたところまで果物を探しにきたラミダス。彼らの主食は果物や木の実だった。

▲⑨⑩⑪両腕に果物を抱えたラミダス。二足歩行は両手を自由に使えるというメリットを生んだ。

▲⑫⑬二足歩行は移動方法としてはスピードが遅いため、肉食動物に襲われないように、急いで森へ戻る。

▲⑭持ち帰った果物はメスに渡すためのものだった。メスはこうして食物を供給してくれるオスを繁殖のパートナーに選ぶようになったと考えられている。

初期の人類から始まった夫婦と家族の関係性

オスがメスに食物を供給し、メスが見返りにオスを受け入れることによって、アルディピテクス・ラミダスのオスとメスの関係性には変化が生まれた。「夫婦」と「家族」という「人間らしさ」の誕生である。

確実に自分の子孫を残すためにラミダスが選んだ一夫一妻制

生物の最大の目的は、子孫を残し、遺伝子を伝達していくことだ。そして、生存と繁殖に成功した遺伝子を受け継ぎながら、環境によりよく適応し、進化を遂げていく。

生物は子孫を効率的に残すために、さまざまな手段をとる。そんな中で、アルディピテクス・ラミダスがとった手段は「一夫一妻制」だったと、オーウェン・ラブジョイ教授は唱えている。

ラミダスのオスは、メスにアプローチするために食物を供給し、メスはその見返りとしてオスを性的に受け入れ、子供を産む。しかし、そのメスに対して、ほかのオスも同じようなアプローチをする可能性があり、メスの産む子供が必ずしも自分の子供であるとは限らない。

そこで、自分がアプローチしたメスに自分の子供だけを産んでもらい、確実に子孫を残すために、そのメスとつがい＝「夫婦」としての絆を築き、恒常的に関係性を保つようになったと考えられるのだ。メスにとっても、安定した食物供給が確保されれば、安心して子供を育てることができるので、オスとメスの双方にとってメリットがあるといえる。

一夫一妻制によって生まれた夫婦と家族の意識

一夫一妻制をとることは、ラミダスの集団にとっても利点が多い。たとえば、メスをめぐってほかのオスと争うことがなくなれば、その分のエネルギーを子育てに費やすことができる。子育てをする夫婦たちが集団としてまとまることで、個体が肉食動物などに捕食されにくくもなる。

さらに、オスとメスが日常的に夫婦としての絆を結ぶと、子供は両親の存在を意識するようになる。「家族」という認識が生まれるといってもいいだろう。そして、複数の家族が共存することによって集団の生存率も高くなり、個体数を増やすことにつながるのである。

ラミダスのオスがメスに食物を供給し、メスがオスに支えられながら子育てをする様子を想像すると、そこにはまるで現在の私たちのような夫婦愛があるように感じるかもしれない。しかし、ラミダスの脳容積から考えても、その夫婦間の愛情は、あくまでも自分たちの遺伝子を増やすため、そして子供に対する本能的な愛であり、まだ人間らしい優しさや思いやりを伴うような愛情ではなかったと思われる。

それでも、食物を供給して一夫一妻制を取り入れたラミダスは、オスとメスの関係性において、ほかの霊長類とは明らかな違いを見せている。ラミダスは、夫婦、そして家族という関係を築いた、いわば「人間らしさ」を身につけた初めての存在だといっていいだろう。

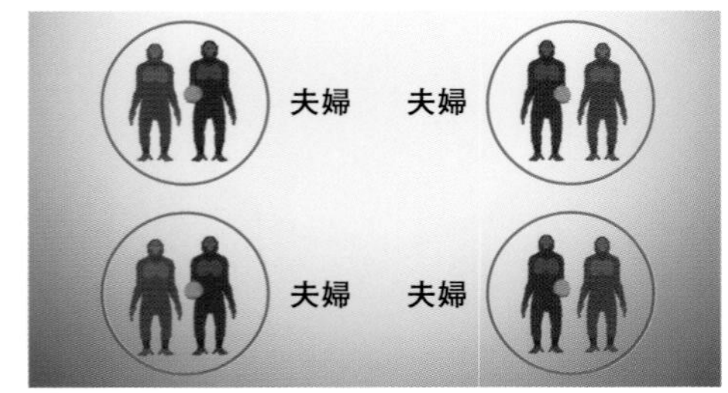

▲ラミダスの社会は、現代と同様の「一夫一妻制」だったという。森が縮小する中で子孫を残すには、オスとメスが「つがい」となって協力するほうが有利だった。

▲①森の中に住むラミダスの集団は、複数の「家族」がまとまって暮らしていたと思われる。

▲②③④オスから果物をもらうメス。オスが命がけで食物を集め、メスはそれを供給してもらうことで、子育てに力を注ぐことができた。

▲⑤1匹の強いオスが多くのメスを支配するボス型社会ではなく、一夫一妻制の社会を築いたラミダス。メスをめぐるオス同士の争いを必要としない社会に進化したことも、ラミダスが生存競争を勝ち抜く大きな要因となった。

◆Interview◆ 世界の研究者が語る人類学の最前線〈1〉

●ミドルアワッシュは太古の世界を保存したタイムマシーン

アメリカ／カリフォルニア大学バークレー校　ティム・ホワイト教授（古人類学）

●440 万年前の豊かな生態系

私たちがアルディピテクス・ラミダスの化石を発見したミドルアワッシュ地域からは、たくさんの初期人類の化石が出ています。ルーシーで知られるアウストラロピテクス・アファレンシスの化石も、ここで見つかっています。

現在は砂漠ですが、440 万年前には、このあたりには豊かな森が広がっていました。パームツリーやイチジクの木などがあり、ラミダスもその実を食べていたでしょう。サルやネズミ、ヤマアラシ、レイヨウなど、数多くの動物も生息していました。この地域は、440 万年前の生態系が地層によってサンドイッチ状に保存された、まさにタイムマシーンのような場所なのです。

●ラミダスの足が語る進化の道筋

ラミダスはそれまでの霊長類には見られない、ユニークな種です。ラミダスの足はチンパンジーのように物をつかめますが、同時に直立して歩くこともできました。ただ、ラミダスの足にアーチ構造はありません。反対に、アファレンシスの足にはアーチ構造がありますが（P35 参照）、ラミダスのように物をつかむことはできません。ラミダスからアファレンシスに至る 100 万年の間に、こうした変化が起きています。ラミダスが進化の過渡期にあったことがわかるのです。

ミドルアワッシュ地域では、人類がたどった進化の記録を見ることができます。人類はいつもアフリカで進化し、世界各地に広がりました。進化の最終形であるホモ・サピエンスもアフリカから出ていったのです。そういう意味で、私たちはみなアフリカ人であるといえるでしょう。

▲アワッシュ川流域・エチオピア北東部に位置するハダール村の風景（写真提供：名和昌介）。

◆Interview◆ 世界の研究者が語る人類学の最前線〈2〉

●夫婦の絆はラミダスの時代から始まった

アメリカ／ケント州立大学　オーウェン・ラブジョイ教授（古人類学）

●ラミダスに起きた大きな変化

アルディピテクス・ラミダスが直立二足歩行で歩けるようになったのは、それまでの霊長類とは、骨盤の構造と筋肉のつき方が変化したからです。彼らはバランス良く立ち、現生人類と同じように歩くことができたことでしょう。

ラミダスにはもうひとつ、大きな変化が起きていました。犬歯の縮小です。犬歯はチンパンジーなどのオスにとって、威嚇のための重要な武器になりますが、ラミダスの犬歯は劇的に小さくなっているのです。

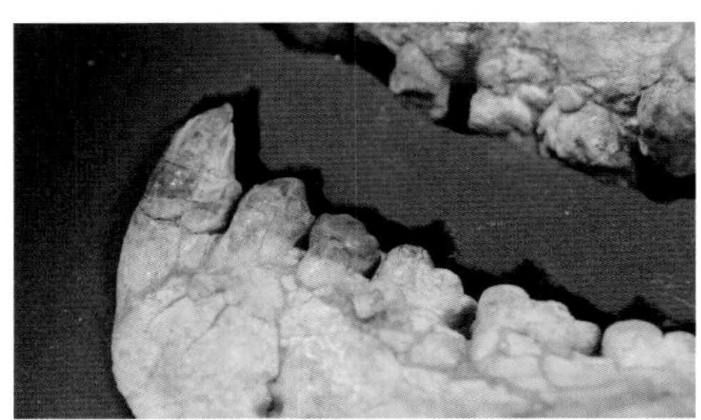

▲ラミダスの小さな犬歯。

直立二足歩行の実現と犬歯の縮小は、ラミダスの社会構造が大きく変化したことと関係しています。その変化とは、ラミダスのオスが、繁殖のために食物でメスを支えるという新たな戦略を選び、メスは食物を提供してくれるオスを選ぶようになったということです。

●子孫を残すために夫婦が生まれた

進化で最も強い力は繁殖力です。自分の子孫を残す割合と、残した子孫の生存率を高めることが、生き残りには有利になります。オスとメスが夫婦になることは、子育てにエネルギーを注げるため、繁殖率の向上につながります。

ラミダスは夫婦の絆を結び、オスとメスが協力することで、子孫を増やすことに成功しました。結婚、夫婦の絆、家族という現代にも通じるものが、ラミダスの時代に始まったことに疑問の余地はないと考えています。そして、人類にとって夫婦の絆は非常に強く、過去500万年にわたって、夫婦は私たちの進化を持続させた基本単位だったと思います。

本格的に地上で生活を始めた人類 アウストラロピテクス・アファレンシスとは

森や疎林で直立二足歩行を始めた初期猿人は、400万年ほど前から草原へ進出し、猿人へと進化していくことになる。初期猿人に比べて、猿人はどのような進化を遂げたのだろうか。

本格的な直立二足歩行を獲得した最古の人類

およそ420万年前、アフリカの草原に、アルディピテクス・ラミダスなどの初期猿人とは異なる人類種が姿を現した。化石の分析結果などから、彼らは解剖学的に初期猿人と違っていたことがわかり、より進化した新種の存在とみなされている。

現在確認されている中で最も古い猿人は、アウストラロピテクス・アナメンシス（約420万～390万年前）とされる。アウストラロピテクスとは「南方の類人猿」という意味だ。ラミダスとアナメンシスの生息年代は20万年ほどしか差がないものの、両者の歯には明らかな違いが認められ、短い期間に食性の面で大きな変化があったことがうかがえる。

アナメンシスの次の種として登場したのが、アウストラロピテクス・アファレンシス（約370万～300万年前）だ。

アファレンシスはその骨格構造から、現代人と似た直立二足歩行ができるようになった最古の人類と推定されている。

アファレンシスの脚は、基本的な構造は現代人と大差がない。足にアーチ構造があり、親指がほかの指と平行に揃っている。踵骨（しょうこつ）（踵（かかと）の骨）も類人猿に比べて大きく、弾力のある海綿質でできていることから、現代人とほぼ同じように、長時間立ち続けたり、固い地面を歩くことができた。

足のアーチ構造がなく、長時間の直立や歩行ができなかった初期猿人とは根本的に違っているのだ。ただし、脚全体は短く、筋骨がたくましい体つきをしているので、まだ類人猿的なイメージも残っている。

また、骨盤は幅が広く、ドンブリのような形で、ほぼ垂直に保たれており、内臓を安定して支えることができた。下肢の筋肉の機能は現代人と本質的に変わらない状態で、そこからもアファレンシスが高い直立二足歩行の能力を持っていたことが確認できる。

草原での過酷な食生活から歯とアゴに現れた変化

長時間の直立二足歩行ができるようになったことで、アファレンシスは徐々に草原へ進出するようになる。彼らが生息していた年代には、さらに乾燥化が進んで森の資源だけに依存することができなくなり、過酷な環境の草原で生きていくことを強いられたためでもある。

森とは植生が違うため、草原では果物のような軟らかい食物を得ることは難しい。生き延びるためには、乾燥した豆や草の根なども食べる必要がある。そうした砂混じりの硬い食物をかみ砕くために、小臼歯と大臼歯が大きくなり、歯の摩耗を減らすためにエナメル質が厚くなった。その結果、歯列全体が前後に長くなり、口が前方に大きく突出した形に変わっていった。アゴもしっかりしており、類人猿に近い印象といえる。

一方で、アファレンシスの犬歯は、ラミダスよりもさらに小さくなった。もはや相手を攻撃するどころか、脅しの道具としても役に立たないほど退化したのである。

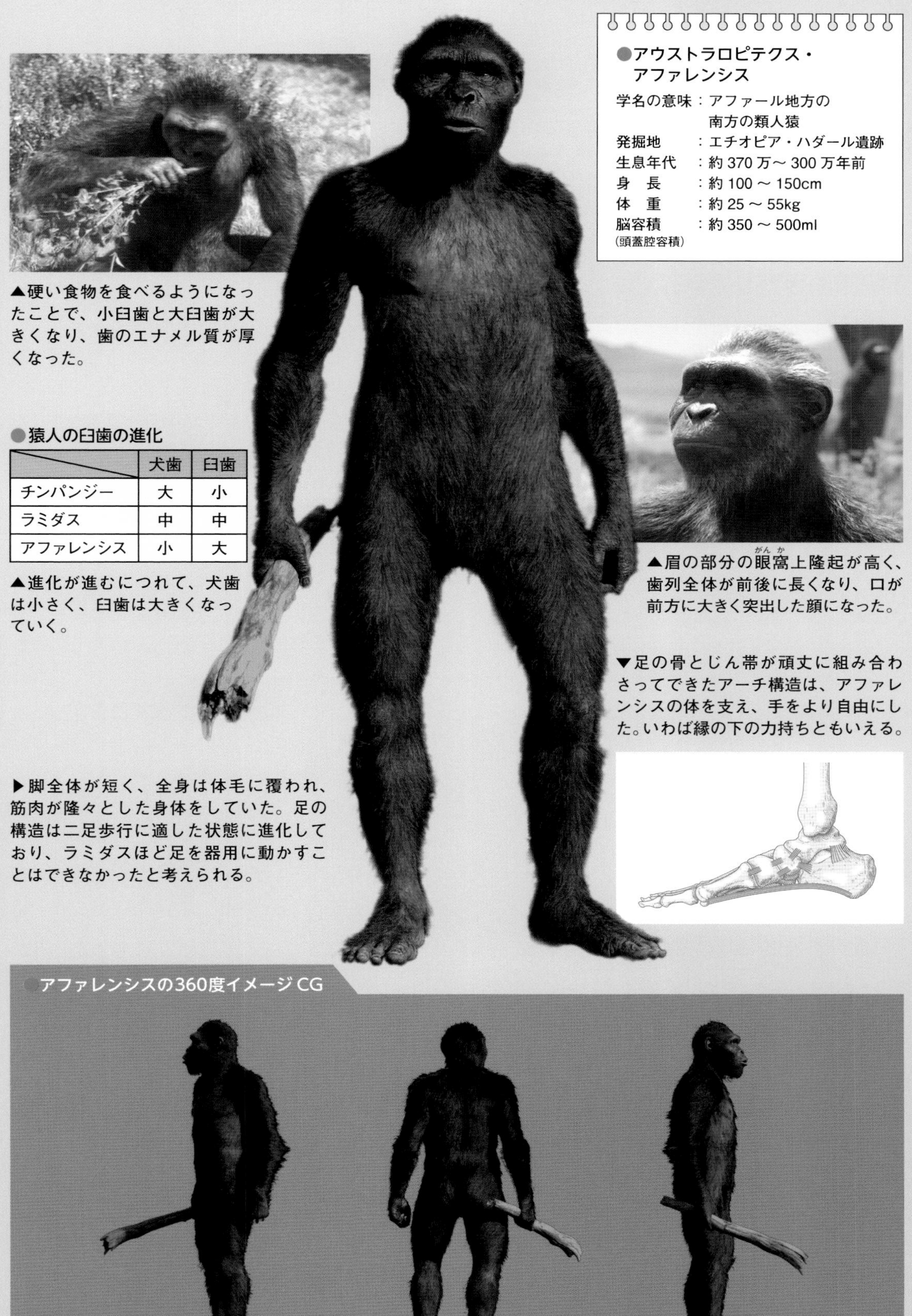

●アウストラロピテクス・アファレンシス

学名の意味：アファール地方の南方の類人猿
発掘地：エチオピア・ハダール遺跡
生息年代：約 370 万～ 300 万年前
身　長：約 100 ～ 150cm
体　重：約 25 ～ 55kg
脳容積（頭蓋腔容積）：約 350 ～ 500ml

▲硬い食物を食べるようになったことで、小臼歯と大臼歯が大きくなり、歯のエナメル質が厚くなった。

●猿人の臼歯の進化

	犬歯	臼歯
チンパンジー	大	小
ラミダス	中	中
アファレンシス	小	大

▲進化が進むにつれて、犬歯は小さく、臼歯は大きくなっていく。

▲眉の部分の眼窩(がんか)上隆起が高く、歯列全体が前後に長くなり、口が前方に大きく突出した顔になった。

▼足の骨とじん帯が頑丈に組み合わさってできたアーチ構造は、アファレンシスの体を支え、手をより自由にした。いわば縁の下の力持ちともいえる。

▶脚全体が短く、全身は体毛に覆われ、筋肉が隆々とした身体をしていた。足の構造は二足歩行に適した状態に進化しており、ラミダスほど足を器用に動かすことはできなかったと考えられる。

●アファレンシスの360度イメージ CG

アウストラロピテクスに見る化石の調査と発見のドラマ

人類の祖先の研究には化石の発見が不可欠だ。厳しい自然環境のもとで行われる困難な発掘作業。そして、発見された化石の種を特定するまでの長い道のり。人類の歴史が塗り変わっていくドラマをのぞいてみよう。

人類史研究における貴重な発見
初期の人類の有名人「ルーシー」

1974年、エチオピアのアワッシュ川下流域で、アウストラロピテクス・アファレンシスの女性個体骨格が見つかった。出土した骨は全身の約40%で、保存状態も良く、人類の起源を知るうえで貴重な発見となった。それが、世界で最も有名な初期の人類の化石「ルーシー」である。のちにアルディピテクス・ラミダスなどの初期猿人が発見されるまで、アウストラロピテクスのグループは人類の祖と考えられており、ルーシーはそのシンボル的な存在でもあった。

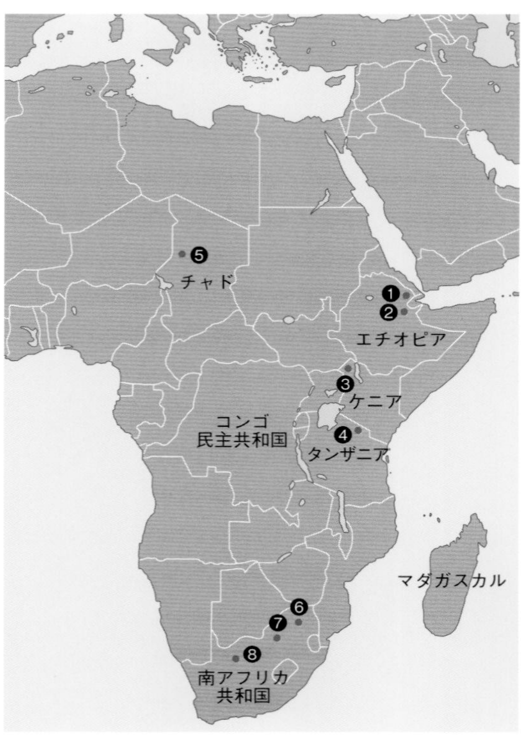

初期人類化石の主要な発見地

❶ハダール遺跡　❷アワッシュ川流域　❸トゥルカナ湖西岸　❹ラエトリ遺跡　❺トロスメナラ遺跡　❻マカバン渓谷　❼スタルクフォンテイン／スワルトクランス／クロムドライ遺跡　❽タウング遺跡

1950年代末までは、猿人の化石は南アフリカでしか見つかっていなかったため、「人類発祥の地」として南アフリカが注目を集めていた。ところが、1960年代になって、タンザニアやケニアでパラントロプス（P46参照）のグループやホモ・ハビリス（P48参照）の化石が見つかり、研究者の関心は東アフリカへ移っていった。東アフリカにある大地溝帯（P24参照）では地殻の変動が大きく、古い地層が浸食されたところから、動物や人類の化石がいくつも発見されていたのだ。

そこで、さらにその北で人類化石を見つけようと考えたシカゴ大学の大学院生ドナルド・ジョハンソンは、フランスの地質学者モーリス・タイーブと協力して国際調査隊を組織し、エチオピア東北部のアワッシュ川下流域を調査した。

1973年の秋に複数の猿人化石を見つけた彼らは、翌年11月、小柄な女性のまとまった骨格化石を発見する。その日の夜、発見を祝って調査隊がパーティーを開いていた際、ラジカセからビートルズの『ルーシー・イン・ザ・スカイ・ウィズ・ダイアモンズ』が流れていたので、その化石を「ルーシー」と呼ぶことにしたという。

ルーシーが発見されたアワッシュ川流域からは、それ以降も数多くの化石が見つかったことから、その歴史的重要性が認められ、1980年にユネスコの世界遺産に登録された。

▲アウストラロピテクス・アファレンシスの発掘地ハダール遺跡。大地溝帯が紅海に向かって広がったアファール三角地帯に位置する（写真提供：馬場悠男）。

無名の研究者が成し遂げたアウストラロピテクスの発見

現在までに、アウストラロピテクスのグループ（属）は5種確認されている。その中で、最初に化石が発見されたのはアウストラロピテクス・アフリカヌスだ。人類の起源がアフリカにあることを示す大発見だったが、それが認められるまでには長い時間が必要だった。

1924年、若い解剖学教授のレイモンド・ダートは、南アフリカのタウング鉱山から届いた化石の中から、ほぼ完璧な子供の頭骨を見つけた。翌年、ダートはこの化石をアウストラロピテクス・アフリカヌスと命名し、学術雑誌『ネイチャー』に発表する。その名は「アフリカの南方の類人猿」を意味し、辺境の植民地である南アフリカが人類の起源地として認められることに、期待とプライドが込められていた。

しかし、無名の研究者による発見にイギリス本国の科学界の反応は冷たく、ダートが見つけた化石はヒヒやゴリラの子供だろうと批判を受けてしまう。

のちにダートを支持する研究者が現れ、南アフリカに多い石灰岩洞窟を精力的に調査した結果、ダートの化石と似た大人の化石がいくつも発見された。それを受けて、イギリスの専門家たちも1930年代にはついにアウストラロピテクスが人類の祖先であることを認めたのである。

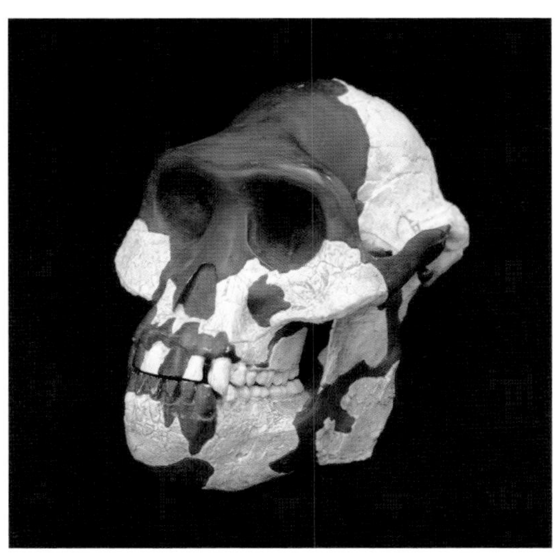

▲アウストラロピテクス・アファレンシス（オス）の頭骨（模型）（国立科学博物館所蔵）。

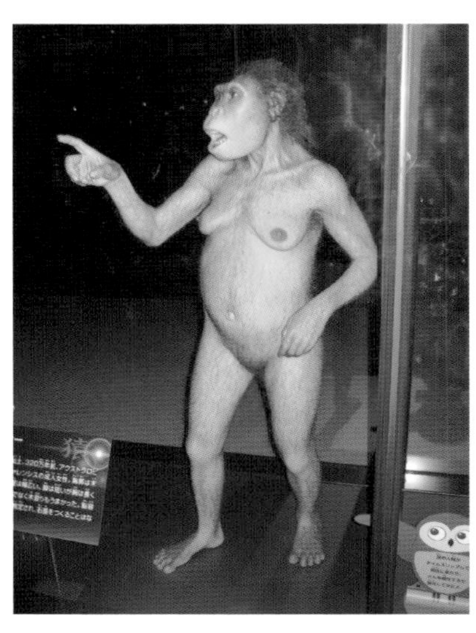

▲ルーシーの生体復元モデル（国立科学博物館所蔵　写真提供：馬場悠男）。

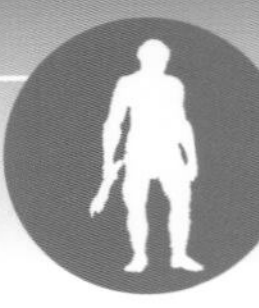

足跡化石が明らかにする直立二足歩行生活と家族の始まり

初期の人類の姿や生態などを推測する際には、発見された骨格化石から判断することが多い。しかし、ときには彼らが大自然に残した痕跡からも、当時の状況を知ることができる。

偶然が生み出した「タイムカプセル」ラエトリ遺跡の足跡化石

ルーシー（P36参照）に代表されるアウストラロピテクス・アファレンシスの骨格構造から、彼らが直立二足歩行を行っていたことはほぼ間違いないとされるが、その裏づけとして、足跡が連なる地面の化石も見つかっている。

その足跡は、1978年、タンザニア北東部にあるラエトリ遺跡で、イギリスの古生物学者メアリー・リーキーの率いる調査団によって発見された。足跡のそばでアファレンシスの化石が発見されていること、そして足跡がつけられた火山灰の年代から判断して、約360万年前にこの地に生きていたアファレンシスが歩いた跡だと推定されている。当時、この地帯は近くのサディマン火山から噴出した大量の火山灰が幾重にも降り積もり、それが固まって地層が形成されていた。発見された足跡は、雨が降ってぬかるみになった火山灰の上を歩いた跡がそのまま固まり、その後再び火山灰が降り注いで地中に埋もれたもので、実に幸運な「タイムカプセル」の発見だったといえるだろう。

足跡から読み取れるアファレンシスの歩く姿

足跡化石からはさまざまなことが判明した。2列に並ぶその足跡は、現生人類とほぼ同じ足の使い方をしており、3人のアファレンシスが確実に二足歩行をしていたことを示している。

足跡は、大きな足跡の上を中くらいの足跡がたどって歩いており、それに寄り添うように小さな足跡がついている。足のサイズは、大型のものが26cm、中型のものが21cm、小型のものが18cmで、大きな個体は成人のオスと思われるが、ほかの2人については、成人のメスか子供かの特定はできていない。アファレンシスはオスとメスの身体のサイズが大きく違い、個体差も大きいため、足のサイズだけでは見極めが難しいのだ。

2列の足跡は極めて接近しており、間隔も等しく、歩幅もほとんど乱れていない。少なくとも2人は一緒に歩いていたはずだ。もしかしたら、父親が子供の手を引き、その後ろを母親が歩いているという情景だったのかもしれない。

ただし、アファレンシスの骨格と筋肉のつき方から考えると、現代人のように大股で、体軸に沿って腰をひねりながらしなやかに歩くことはできなかったと推測される。少しドタバタした歩き方だったのではないだろうか。

Column

●化石の年代を調べる年代測定法

人類学や考古学にとって、化石や遺物の年代を推定する年代測定法は欠かせない技術だ。年代測定法には「絶対年代測定法」と「相対年代測定法」がある。前者は、化石などが含まれる堆積層の年代を直接測定するもので、たとえば、堆積層中の火山灰に含まれる放射性元素の半減期を利用するカリウム・アルゴン測定法などがある。後者は、年代の判明している別の堆積層と比較するもので、たとえば堆積層中の動物化石と同じような動物化石を含む堆積層を探して年代を推定する。

▲上空から見たタンザニア・ラエトリ遺跡。足跡化石は何ヵ所でも見つかっており、最近見つかったこの場所も、砂をかけられ、シートで覆われたうえ、さらに大きな石によって守られている。

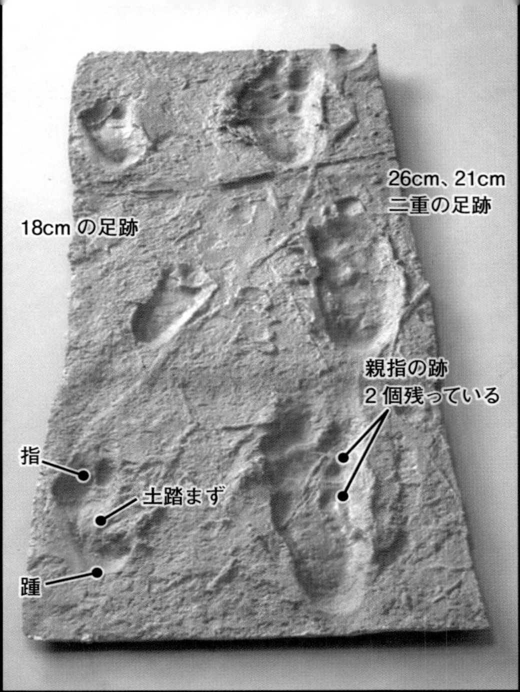

▲足跡化石の複製模型。およそ 360 万年前のものとされ、大中小 3 種類の大きさの足跡が確認できる（国立科学博物館所蔵／写真提供：馬場悠男）。

◀足跡化石をもとに復元されたアファレンシスの親子。子供の手を引く父親と、そのあとを歩く妊娠中の母親という想定で作られた（国立科学博物館所蔵／写真提供：馬場悠男）。

▼アファレンシスは複数の家族が集まって行動していたと考えられている。足跡の数などから、ときには 10 人以上の集団で歩き回っていたという。

環境と食物事情の変化がもたらした集団生活と集団行動

アフリカの乾燥化が進むにしたがって、アウストラロピテクス・アファレンシスの身体や生活にも大きな変化が訪れる。草原で生き抜くために、彼らは集団を作るという方法を獲得したのである。

森と草原が混在する環境で探し出した新たな食物

アウストラロピテクス・アファレンシスが生息していた約370万～300万年前は、地質年代でいうと新生代の鮮新世（せんしんせい）（約530万～260万年前）にあたる。この時代のアフリカは乾燥の一途をたどっていた。

そんな中で、アファレンシスの化石が集中して見つかっているアフリカ東部は、全体的にサバンナ化が進んでいながらも、季節によって茂る疎林や、川辺に残る森などが混在する環境だったと推測されている。現在のアフリカでも、当時と似たような森と草原の移行地帯を見ることができる。

直立二足歩行でしっかり歩けるようになったアファレンシスだが、木登りや木の枝からぶら下がる動作も得意だっただろう。おそらく生活の場を完全に草原へ移したわけではなく、ある程度樹木があるところでは、地上と樹上の両方で生活していたと考えられる。

しかし、それまでよりも森や疎林から得られる恵みが減り、果物や木の実がとれる場所も分散してしまった。アファレンシスは食物危機から脱するべく、新たな食物を求めて草原に進出していったのだ。食物を探して、ときには地上を長い時間歩き回ることもあっただろう。見方を変えれば、草原に出ていったことで直立二足歩行が発達したともいえる。

彼らは草原で、さまざまな食物を探し出した。乾燥した豆や草の種、葉や茎のほか、地面を掘って根茎や塊茎、球根を食べていた。昆虫やその幼虫、シロアリといった動物性タンパク質も摂取し、ときには動物の死体を漁って、腐肉も口にしていたようだ。果物や木の実に依存していたアルディピテクス・ラミダスなどの初期猿人に比べると、かなり雑食になっていた。

アファレンシスのオスとメスに現れた体格差の不思議

こうした環境と食物事情の変化は、アファレンシスの体格にも影響を与えたと思われる。オスとメスの身体の大きさにそれほど差がなかったラミダスと違って、アファレンシスはオスとメスの体格差がかなり大きいのだ。

その理由については、ヒヒでたとえられることが多い。霊長類の中で、ヒヒは滅多に木に登らず、ヒトと同じように地上にいる時間が長い。ヒヒのオスは身体がとても大きく、長くて鋭い牙を持っている。ヒヒは数十頭から100頭以上の集団を作って暮らしているが、そうしたオスが十数頭でも群れにいることで、肉食動物などの捕食者はなかなか手を出すことができなくなる。

一方、メスの身体はオスの半分くらいしかない。身体を小さくすることで、エサの消費を抑えられるからである。極端にいえば、メスの身体は子供を産み育てられるだけの大きさがあればいいのだ。これが生存のためにヒヒがとっている戦略で、アファレンシスのオスとメスの体格差についても、ヒヒの戦略と同じことなのではないかと考えられている。

ただし、オスの身体が大きくなったからといって、暴力性が戻り、メスを力で支配したわけではない。それはオスの犬歯が小さいことか

▲① 370 万年前のアフリカ。乾燥がさらに進み、草原が目立つようになった。

▲②③アファレンシスは安定した直立二足歩行で長時間歩けるようになっていた。

▲④アファレンシスは、複数の家族で構成された小人数の集団で行動していたと考えられる。

▲⑤⑥⑦⑧食物を探すアファレンシス。彼らは主に草や木の根、地下の昆虫類などを食べていたようだ。

▲⑨食物探しの最中に、集団のひとりが何かに気づいた。

▲⑩⑪突然、肉食動物が襲いかかり、仕留められるアファレンシス。まだ槍などの武器を持たず、足も遅かったため、草原では肉食動物の獲物になっていたのだ。

▲▶⑫⑬仲間がやられるのをなすすべもなく見守るだけのアファレンシス。それでも、彼らは集団で暮らし、行動することで、危険な草原で必死に生きていたのだ。

らも推測できる。オスの身体が大きいのは、あくまでも外敵に対する威嚇と防御のためなのだろう。おそらく、ラミダスの時代に見られた一夫一妻制も、変わらずに維持されていたのではないかと思われる。

危険な草原で生き抜くために仲間を持つヒトへ進化した

タンザニアのラエトリ遺跡では、3人の足跡化石（P38参照）以外に、ほかにも複数の足跡化石が発見されている。そして､その足跡からは、直立二足歩行をしていたという証拠だけでなく、アファレンシスが生き残りのためにとった戦略も見えてくる。残された足跡は、何人ものアファレンシスが一緒に歩いていたことを示している。つまり、彼らは集団で行動していたのである。

草原にはさまざまな動物が生息しており、肉食動物などもうろついている。いくらアファレンシスのオスの身体が大きいといっても、彼らはまだ戦えるほどの武器を持っていなかった。使ったとしても、せいぜい木の枝や石くらいだろう。それほど早く走れるわけでもなく、草原では無防備でか弱い存在だったのだ。

そこで、複数の家族が集まって、少なくとも10人あるいは数十人の集団を作って行動していたと考えられる。肉食動物から命を守るためには、数だけが頼りだったのだ。

家族を作ったり、集団を作ったりする例はほかの動物でも見られるが、複数の家族が協力し合い、一定の集団として機能させることができるのは人類しかいない。危険な草原で生き抜くために､アファレンシスは仲間と身を寄せ合い、集団でお互いを守るという方法を獲得したのである。

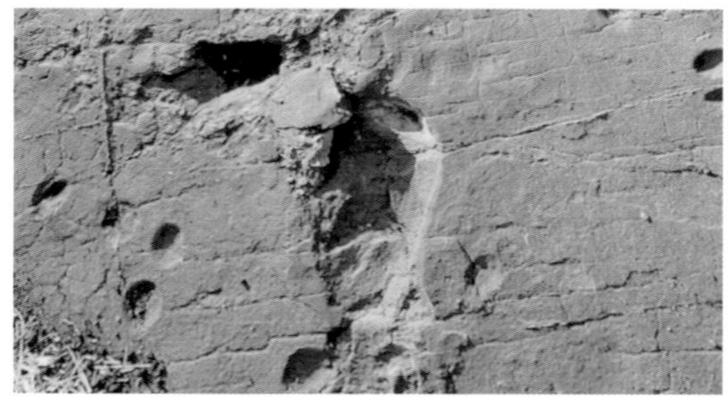

▲ラエトリ遺跡の足跡化石。最近新たに発見されたのは、大きなオスのものだ。

Column

●歯に残された猿人時代の記憶

動物の歯の歯茎から出ている部分は歯冠と呼ばれ、その外表面はエナメル質に覆われている。エナメル質は、歯の内部の象牙質より硬く（動物の体が作る組織の中で最も硬い）、なかなかすり減らない。

チンパンジーやゴリラはヒトよりもはるかに強力なアゴと歯を持つが、歯冠のエナメル質は、ヒトよりも薄い。なぜ、私たちが厚いエナメル質を持つのか、その理由が猿人時代の食生活にあるといったら驚くだろうか。

猿人が生きていた時代、乾燥化が進むアフリカでは果物や木の実などの森の恵みが乏しくなり、草原で得られるのは、乾燥した豆や草の根のような食物がほとんどだった。そんな硬くて砂混じりの食物を食べるうちに、猿人の歯のエナメル質は厚くなっていった（P34参照）。その後の進化において、食生活の内容が変わっても、歯のエナメル質に変化はなく、そのまま今の私たちに受け継がれてきたのだ。

私たちの身体のあちこちに、そうした人類の進化の記憶が刻み込まれているのである。

●ラエトリ遺跡で発見した人類最古の足跡

タンザニア／ダルエスサラーム大学　フィデリス・マサオ教授（考古学）

●雨と火山灰がもたらした奇跡

ここラエトリ遺跡で、私たちは祖先の最も古い足跡を発見しました。足跡は７つほどありました。雨にさらされたり、気温変化の影響のせいで、いくつかは状態があまり良くありませんでした。これらの足跡は、火山灰の上につけられたものです。アウストラロピテクス・アファレンシスたちがここを歩いたとき、雨が降って火山灰が湿っていたために、足跡が残されたのです。彼らは南から北へ歩いていたようです。

360万年以上前の足跡が、こうして残されているのは、ほとんど奇跡といえるようなものです。彼らがここを通ったときに雨が降っていなければ、そして火山灰が降り積もらなければ、私たちがこれを発見することはなかったのです。

●残された足跡からわかること

残された足跡は、アファレンシスが集団を形成していたことを教えてくれます。当時、サバンナにはサーベルタイガーのような危険な肉食動物がいました。彼らはそうした捕食者から身を守るために、集団を作ることで対抗していたと思われます。

アファレンシスが森を出て、草原を歩いていた理由は、おそらく食物を得るためでしょう。森には草原ではとれない果実がありますし、反対に、草原には森ではとれない炭水化物に富んだ根を持つ植物があります。草原では、ときには死んだ動物の肉も手に入ったでしょう。森と草原、そのどちらの環境も、アファレンシスの進化にとっては重要だったのではないかと考えられるのです。

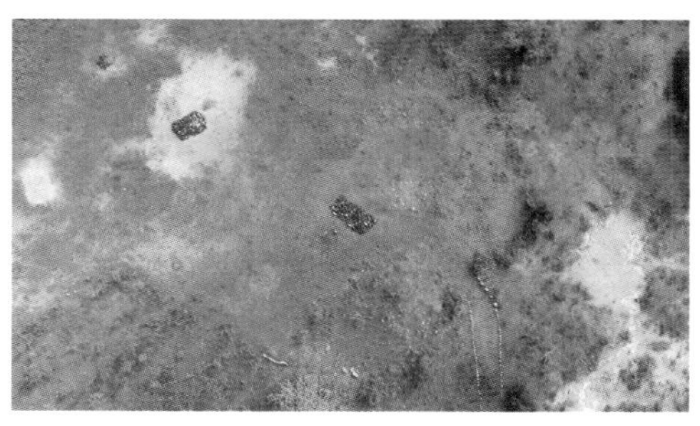

▲上空から見たタンザニア・ラエトリ遺跡。

氷河時代の到来と新しい人類種の登場

氷河時代を迎え、アフリカは乾燥化が進行し、人類の祖先たちを取り巻く環境はますます厳しくなっていった。地球規模の気候変動が起こる中で、頑丈型猿人のパラントロプス属、そしてホモ属が登場する。

世界的な寒冷化が始まりさらに乾燥化した草原の環境

地質年代の区分で見ると、約 260 万年前以降は新生代の更新世（こうしんせい）にあたる。更新世には地球全体が寒冷化し、しばしば氷河や氷床が発生したため、「氷河時代」とも呼ばれる。氷河時代は、全体的には気温が下がりつつあったものの、全期間が寒冷な気候だったわけではない。非常に寒冷な氷期と比較的暖かい間氷期が何回も繰り返されてきたのだ。

気候に寒暖差が生じる理由は、地球の公転軌道の変化、自転軸の傾きの変化、地軸の歳差（さいさ）運動による影響で、太陽から受ける熱の量が周期的に変わるためだ。実は、更新世に入ってから一段と気温が低下し、寒暖の差が大きくなっている。その原因のひとつは、寒暖差が生じる周期が、それまでの約 4 万年から約 10 万年に広がり、太陽からの熱を蓄熱する時間と放熱する時間がそれぞれ長くなったからである。

もうひとつの原因は、プレートテクトニクス（地球表面を覆う硬い岩の板＝プレートの運動や相互作用）による大陸移動の影響で、海流の流れが変わったことにある。たとえば、大陸移動によって南北アメリカ大陸が合体し、メキシコ湾流が強まって、蒸発した水分で北極周辺に広大な氷床が形成された。白い氷は太陽光の反射率が高く、拡大した氷床はより多く太陽光を反射するため、地球の気温低下につながるのだ。

その結果、アフリカ全体では乾燥化も進み、草原での生活は厳しさを増した。そんな環境の中で、ふたつの人類種がそれぞれ厳しい環境に適応する手段を編み出したのだ。そのうちのひとつの種が、最終的に私たちホモ・サピエンスへと進化することになる。ホモ・ハビリスである。

硬い食物を食べられるように顔を変えた頑丈型猿人の戦略

もうひとつは、約 250 万～ 130 万年前に生息していた「頑丈型猿人」と呼ばれるグループだ。頑丈型とは、身体全体が頑丈であるということではなく、顔、つまりアゴと歯が大きくて頑丈であることを意味する。

頑丈型猿人には、南アフリカのパラントロプス・ロブストス、東アフリカのパラントロプス・エチオピクスとパラントロプス・ボイセイが含まれる。頑丈型の中でも、特にボイセイは顔全体が平らで奥行きが短く、幅が広くて上下に高いため、これまでのサル的なイメージが強い猿人と違って、やや人間的な雰囲気が感じられる。

頑丈型の顔が大きくなったのは、乾燥した豆や草の根など、硬くて土や砂で汚れた食物を食べるために、物を噛むときに使う咬筋（こうきん）と側頭筋が異常なほど発達したからだ。また、硬い食物を砕き、すりつぶすために、小臼歯と大臼歯は巨大化し、アゴはクルミ割り器のように機能して食物を粉砕していたようだ。

骨盤の形から、頑丈型も安定した直立二足歩行をしていたことがわかった。手は物をつかめる形状で、動物の角や骨を使って、固い地面を掘り、草の根や虫を取り出して食べていたと思われる。頑丈型は、噛む機能を発達させることで、乾燥した草原にうまく適応し、100 万年以上も生き延びたのである。

▲❶❷地球規模の気候変動で、アフリカの草原は乾燥化が進み、環境はいっそう苛酷なものになっていった。

▶パラントロプス・ボイセイの頭骨（模型）（国立科学博物館所蔵）。

▶パラントロプス・ボイセイの復元モデル。

地質時代の区分

代	紀	世	各期のおおよその始まり
新生代	第四紀	完新世	1 万年前
		更新世	258 万年前
	新第三紀	鮮新世	533 万年前
		中新世	2300 万年前
	古第三紀	漸新世	3400 万年前
		始新世	5600 万年前
		暁新世	6600 万年前
中世代	白亜紀		1 億 4500 万年前
	ジュラ紀		2 億年前
	三畳紀		2 億 5200 万年前
古生代	ベルム紀		3 億年前
	石炭紀	ペンシルベニア紀	3 億 2300 万年前
		ミシシッピ紀	3 億 6000 万年前
	デボン紀		4 億 2000 万年前
	シルル紀		4 億 4300 万年前
	オルドビス紀		4 億 8500 万年前
	カンブリア紀		5 億 4000 万年前
原生代	新原生代		10 億年前
	中原生代		16 億年前
	古原生代		25 億年前
始生代	新始生代		28 億年前
	中始生代		32 億年前
	古始生代		36 億年前
	原始生代		40 億年前
冥王代			46 億年前

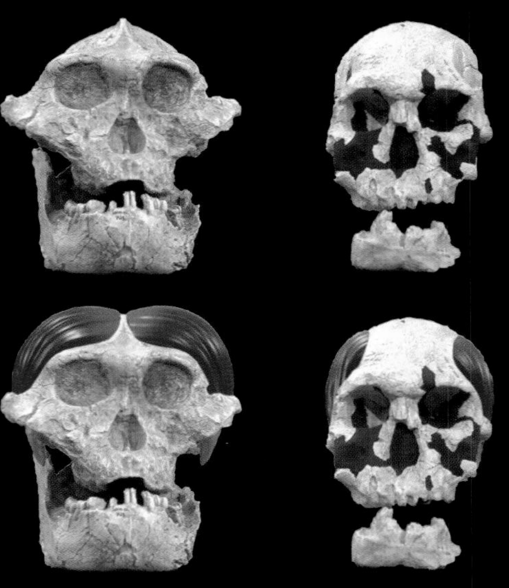

▲ホモ・ハビリス（右）とパラントロプス・ボイセイ（左）の頭骨復元モデル。パラントロプスでは、物を噛むための筋肉（側頭筋）が頭全体を覆うほど発達し、現代人の 3 ～ 6 倍も噛む力が強かった。

同じ場所で化石が発見された ホモ・ハビリスとパラントロプス・ボイセイ

厳しさを増す氷河時代のアフリカの草原で、生き残りをかけ、環境へ適応していった初期の人類たち。こうした事実が明らかになったのは、研究者たちによる長年の化石調査があったからにほかならない。

数々の化石を発見した功績者 ルイス＆メアリー・リーキー夫妻

初期の人類の化石調査において、忘れてはならない功績者がいる。イギリス系ケニア人のルイス・リーキーとその妻メアリーだ。彼らはたくさんの貴重な化石を発見したが、その化石調査の歩みは、南アフリカに続いて東アフリカが「人類発祥の地」として脚光を浴びていく歴史でもある。

人類学者のルイスは両親ともイギリス人だが、ケニアで生まれてケニア人として育ち、ケンブリッジ大学で学んだあと、ケニアとタンザニアで脊椎動物化石の発掘調査を始めた。考古学者だったイギリス人のメアリーと結婚し、ナイロビをベースに、2人で野外調査を行った。当時、アウストラロピテクスなどの猿人の化石が見つかっていたのは南アフリカだけだった。2人は東アフリカでの初期の人類の化石発見を目指して、タンザニアのオルドヴァイ渓谷で調査を続けた。

そんな1959年のある日、メアリーがひとりで渓谷の下へ降りると、通い慣れた小径のそばに頭骨の化石があるのに気がついた。メアリーが大急ぎで体調を崩して休んでいたルイスのもとへ行き、このことを伝えると、ルイスは体調の悪さも忘れて現場に駆けつけ、2人でその化石を掘り出した。

その頭骨化石は、下顎骨以外はほぼ完全に残っており、南アフリカのパラントロプス・ロブストスとよく似ていた。臼歯は巨大で、切歯と犬歯が小さく、口は出っ張っておらず、顔全体が平らだった。大後頭孔（頭骨後下部の孔（あな）で、脳と脊髄がつながるところ）が下を向いているので、直立していたことは確かだが、脳容積が500mlしかなく、当初はヒトの直接の祖先ではないと思った。ところが、同じ地層から石器が大量に出土するので、夫妻はこの頭骨化石の主がその石器を作ったと考えて、化石にジンジャントロプス・ボイセイ（ボイズ氏の東アフリカ人）と名づけて発表した。

オルドヴァイ渓谷に眠っていた 二種類の人類化石

ジンジャントロプス化石発見の翌年、同じオルドヴァイ渓谷で、夫妻は新たに下顎骨と手の骨の化石を発見した。ジンジャントロプス研究のために博物館へ来ていた人類学者フィリップ・トバイアスに相談したところ、今回見つけた化石の臼歯は南アフリカのアウストラロピテクスより小さく、手と足はヒトに似ていることがわかった。ちなみに、トバイアスはアウストラロピテクス・アフリカヌスを発見したレイモンド・ダート（P37参照）の弟子だ。

そこで、夫妻とトバイアスはこの化石こそヒトの祖先であると認めて、「石器を作る器用なヒト」という意味でホモ・ハビリスと名づけ、1964年に発表した。ジンジャントロプスの頭骨化石を発見した際、一緒に出土した石器は、このハビリスが作ったものだったのである。なお、ジンジャントロプス・ボイセイはのちにパラントロプス・ボイセイと呼ばれるようになり、ヒトの直接の祖先ではないと結論づけられることになる。

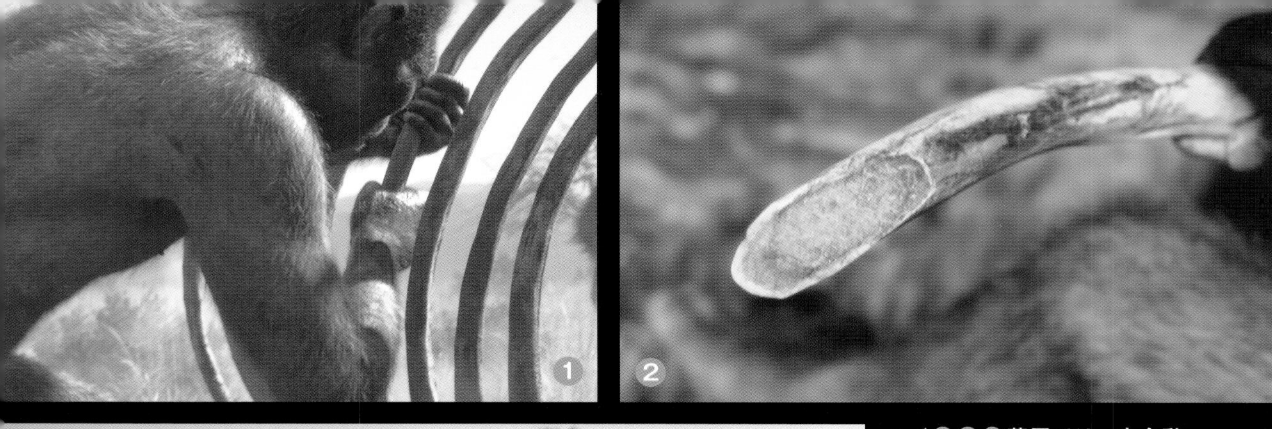

▲◀①②③草原では、肉食動物が食べ残した動物の死体を見つけ、おこぼれを頂戴することもあったろう。動物の骨髄には豊富な栄養が含まれており、料理のダシをとるのに使われるが、タンザニアのハッザ族には今でも生の骨髄を食べる習慣がある。

▲④ハビリスは骨髄を取り出すために、器用な手で石を使っていたと思われる。

たとえば、死んだばかりの動物を見つけたら、ライオンやハイエナがやってくる前に、できるだけ早く解体して持ち帰る必要がある。石器があれば動物の皮を簡単に切り開くことができ、あとは大きな肉の塊や内臓を取り出して、ほかの動物に横取りされる前に急いで逃げればいい。

ほかにも、骨を割って、肉食動物には食べられない大きな骨の内部にある骨髄を取り出すこと、あるいはイモなどの地下茎を掘り出すことにも利用したと考えられる。

石器作りや石器の利用で手先を使い、動物の解体や食物確保の方法を考えて頭を使うことで、ハビリスの脳は徐々に大きくなっていった。脳が大きくなるに従って、考えることやできることが複雑になり、それによってさらに脳が大きくなる、という相乗効果も働いたことだろう。

また、肉や骨髄、イモのデンプン質など、十分な栄養が確保できれば、大きさを増したハビリスの脳を維持することにも役に立ったはずだ。

いずれにしろ、石器という道具を獲得し、頭を使って環境に適応するという原人以降の人類の戦略はハビリスの時代に始まり、その進化の道筋は最終的に私たちホモ・サピエンスにつながることになる。

100万年以上も生き延びたのちに姿を消した頑丈型猿人

一方、パラントロプス・ボイセイなどの頑丈型猿人も、彼らなりの方法で乾燥した草原にうまく適応し、約250万～130万年前まで、100万年以上ものあいだ生き延びることができていた。

しかし、彼らは新たな適応技術を生み出すことなく、やがて姿を消していった。おそらく自然環境の変化や、数を増やしたイノシシやサルなどと食物を奪い合ったことが大きな要因となったのだろう。ひょっとすると、ハビリスから進化したホモ・エレクトス（P60参照）が積極的な狩りをするようになったので、その獲物になって絶滅したのかもしれない。

Column

●人類学者にとっての“聖地”

タンザニアのオルドヴァイ渓谷は、東アフリカの過去200万年におよぶ人類の歴史を記録する場所として知られている。渓谷の長さは約50km、深さは最大で100mにもなる。湖底や川床のほか、火山の噴出物による堆積層が露出しており、1911年にあるドイツ人科学者が、この場所から少量の骨の化石を持ち帰ったことがきっかけで、先史時代の化石が出土する場所として注目を集めるようになった。

この地で本格的に調査が始まったのは1931年のことだ。ケニアの人類学者ルイス・リーキーが発掘にあたり、原始的な礫石器（のちにオルドヴァイ型石器と呼ばれる）の発見を皮切りに、20年以上にわたって、数々の動物化石や石器が続々と見つかっていった。そして1959年、ついにジンジャントロプス・ボイセイ（のちにパラントロプス・ボイセイと呼ばれる）の化石の発見に至るのである。

その後も、ホモ・ハビリスやホモ・エレクトスなど、重要な化石の発見が続いている。オルドヴァイ遺跡は、人類学者にとっての“聖地”ともいえる場所なのだ。

▲人類学史上を彩る数々の発見の舞台となったオルドヴァイ渓谷（写真提供：名和昌介）。

◆*Interview*◆ 世界の研究者が語る人類学の最前線〈4〉

●石器の発明が祖先たちの食物事情を変えた

アメリカ／ウィスコンシン大学　ヘンリー・バン教授（古人類学）

●草食動物の骨に残された傷の意味

草食動物の骨の化石に、私たちの祖先が石器を使っていた痕跡が残されています。たとえば、タンザニアにあるホモ・ハビリスの遺跡で発見された草食動物の骨には、まっすぐな切り傷が何本もついています。これらの傷は、初期の人類が石器を使って骨から肉を削ぎ落とすときについたものと考えられます。現代の狩猟採集民族が動物を解体したあとの骨と比べると、その傷跡はよく似ています。初期の人類も、彼らと同じように動物の皮を剝ぎ、肉を削ぎ落とし、骨髄を取るために骨を砕いていたのでしょう。

●動物の肉を手に入れるための発明

初期の人類が石器を発明したのは、動物の肉や骨髄を効率よく入手することが目的のひとつだったと思います。気候や環境の変化によって、彼らは植物性の食物だけでなく、肉も食べるようになりました。草原で弱い立場にあった彼らは、おそらくライオンやハイエナのような大型肉食動物があまり活動しない日中を狙って、死んだ動物の肉を探したことでしょう。

しかし、せっかく動物の死体を見つけても、分厚い皮の下にある肉を手に入れるのは容易ではありません。そこで、鋭い刃先を持った石器を発明したのです。初期の剝片石器は石を打ち欠いただけのものですが、動物の厚い皮に切り込みを入れて、剝ぐのに適しています。金属製のナイフと同じくらい効率的なのです。

私たちの祖先は、食物が乏しい過酷な環境の中で、なんとか食べ物にありつこうともがいた末に石器を生み出したのです。

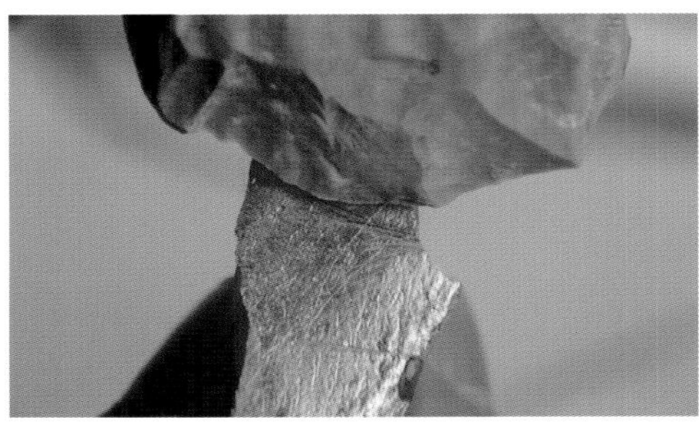

▲骨の傷は石器によってついたと思われる。

▲①②草原を歩き回り、食物を探すハビリスの集団。ハビリスは親指が大きくなったことで、棒などをつかんで振り回すことができたと考えられる。

▶▼③④⑤動物の死肉をあさっているハイエナを発見。

▲⑥⑦⑧ハイエナの背後に忍び寄り、手にした棒を振り回して、必死にハイエナを追い払うハビリスたち。

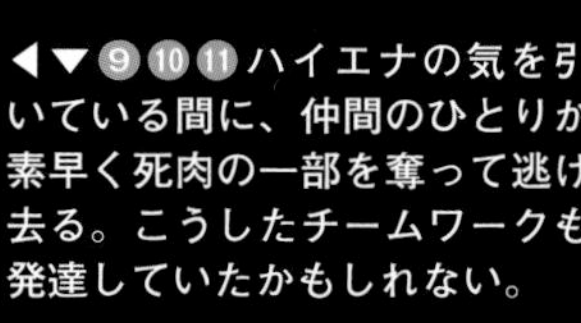

◀▼⑨⑩⑪ハイエナの気を引いている間に、仲間のひとりが素早く死肉の一部を奪って逃げ去る。こうしたチームワークも発達していたかもしれない。

▲▼⑫⑬⑭⑮手に入れた死肉をみんなで食べるハビリス。骨の中には貴重な骨髄がある。

▲⑯⑰⑱骨髄を食べるには、骨を割らなければならない。骨を木に打ちつけるなど、いろいろな方法を試みたことだろう。

▲トゥルカナ湖の位置。

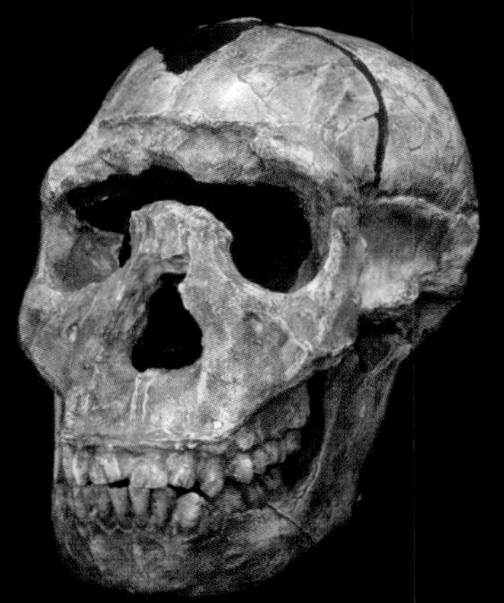

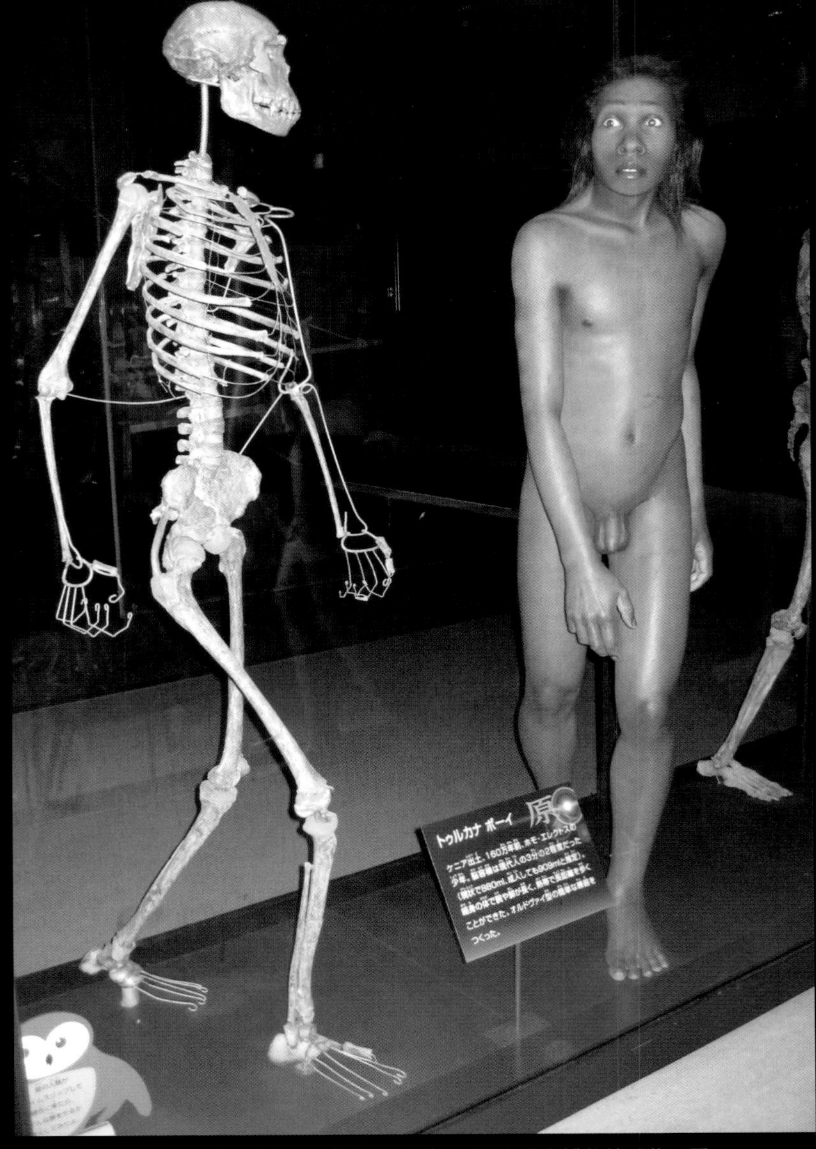

▲トゥルカナ・ボーイの頭骨（模型）（国立科学博物館所蔵）。

▲トゥルカナ・ボーイの骨格・生体復元モデル（国立科学博物館所蔵／写真提供：馬場悠男）。スレンダーな体形が特徴的。豊かな頭髪は直射日光を避けるためで、強い紫外線から皮膚を守るためにメラニン色素が多く、濃い褐色の肌をしていたと考えられる。

▲トゥルカナ湖近くの化石調査ベースキャンプ（左）、ナイロビ近くのオロゲサイリー遺跡（右）（写真提供：馬場悠男）。

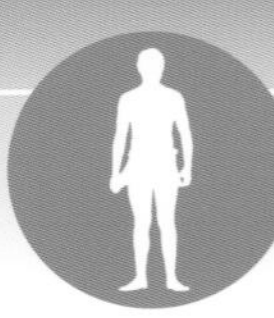

狩りの開始と新たな石器作りに見られる知性の進化

積極的に狩りを行うようになったホモ・エレクトスは、これまでの「狩られる側」から「狩る側」へと立場を変えた。石器作りも進化し、肉食の日常化とともに、エレクトスの脳は徐々に大きくなっていく。

大型草食動物の骨が証明するホモ·エレクトスの狩り

すらりと伸びた脚に、薄い体毛のホモ・エレクトス。現代人にも通じるその身体からは、彼らの生活様式にも大きな変化があったことが見て取れる。

すでにホモ・ハビリスの時代から肉食は始まっていたが（P52参照）、周辺に生えている植物の実や種を集めるのとは違い、動物の肉を手に入れるためには、広い草原を歩き回る必要がある。身長が伸び、長い脚としっかりした骨盤を持つようになったエレクトスは、安定した直立二足歩行で長距離を歩いたり走ったりすることが可能になり、広範囲を移動して、死んだ動物の肉やさまざまな食物を確保できたと思われる。

やがてエレクトスは積極的に狩りを行うようになっていった。コーカサス地方にあるジョージアのドマニシ遺跡から、エレクトスの化石とともに数千点もの大型草食動物の骨が出土していることからも、彼らが死肉漁りだけでなく、狩りをして肉を確保し、日常的に食べていたことは確かなようだ。これまでの肉食動物に「狩られる側」から、獲物を「狩る側」へと、立場を逆転させたのである。

長時間活動できる身体を武器に獲物を追い回す狩りの手法

エレクトスが行っていた狩りの方法は、獲物が疲れるまで粘り強く追い回すというもので、いってみれば「忍耐の狩り」だった。エレクトスはまだ弓矢などの強力な武器を持っておらず、代わりに彼らの武器となったのは、長時間走り続けることができる身体だったのだ。

多くの動物は身体が体毛に覆われており、一度上がった体温をうまく下げることができない。そのため、アフリカの炎天下で激しい運動を続けていると体温が上昇し、熱中症になってしまうのである。しかし、体毛が薄くなったエレクトスは、汗をかいて体温の上昇を抑えることができるため、長時間動き続けることが可能だ。

汗をかいて体温調節を行うということは、実はヒトが持つ大きな特徴のひとつでもある。哺乳類が持つ汗腺には、薄い塩水の汗を出して体温調節をするエクリン腺と、タンパク質を含んだ汗を出して体毛にまとわりつかせ、体臭を作るアポクリン腺がある。

そのうち、エクリン腺が全身に分布しているのは、ヒトを含む一部の霊長類だけだ。ただ、チンパンジーもエクリン腺を持つが、ヒトのような発汗作用の機能は果たしていない。つまり、大量の汗をかいて体温を調節することができるのはヒトだけなのだ。

事実、真夏にマラソンを完走できる動物はヒトだけだという。ヒトは発汗作用による体温調節機能のおかげで、ほかの動物なら体温が上がりすぎてしまうスピードを保って、長距離を走り続けることができるからだ。

おそらくエレクトスは、そうした身体の特性を活かし、獲物の足跡をたどって、集団で走ったり歩いたりしながら追跡を続け、獲物を熱中症の状態に追い込んで仕留めていたのではないだろうか（P70に続く）。

▲▶①②③乾いた大地に残された動物の足跡。エレクトスの狩りの始まりだ。

▲▶④⑤⑥エレクトスに追われて、必死に逃げる獲物。

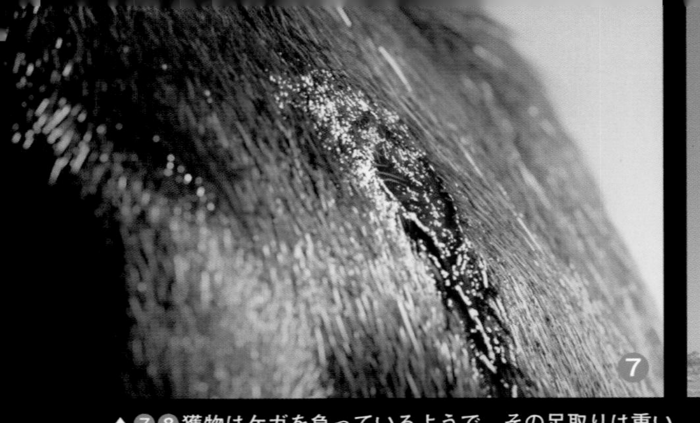

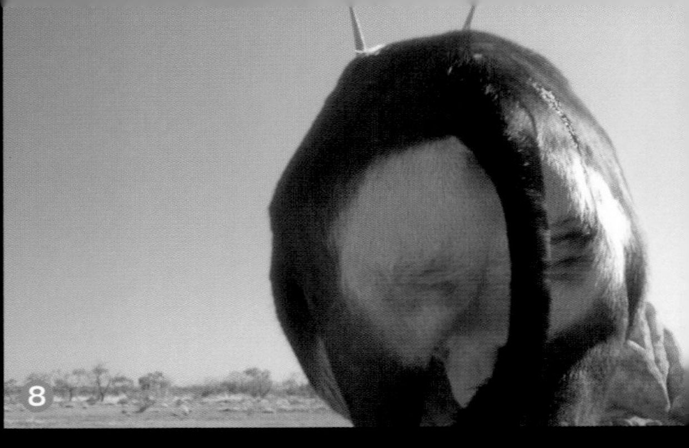

▲⑦⑧獲物はケガを負っているようで、その足取りは重い。

⑨

▲⑨長時間逃げ続けたため、獲物には だいぶ疲れが見えてきた。

▲⑩獲物を忍耐強く追い続けるエレクトス。獲物が疲れて動けなくなるときをひたすら待つのが彼らの狩りの方法だ。

▼▶⑪⑫ときには走り、ときには歩きながら、
エレクトスは獲物を執拗に追いかけていく。

▲⑬エレクトスは汗をかくことで体温の上昇を防げるため、炎天下を長時間走り続けることができるのだ。

▲⑭⑮獲物が体力を使い果たし、動けなくなったと判断したエレクトス。いよいよ攻撃のときだ。

16

17

18

19

◀▲16 17 18 19 槍のような武器を使って襲いかかり、獲物を攻撃するエレクトス。彼らは数人がかりで、道具と知恵を駆使した狩りを行っていたのだろう。

▼20 ついに獲物を仕留め、狩りは成功を収めた。日常的に肉を食べるようになったエレクトスは、こうして積極的に狩りを行い、肉を手に入れていたと考えられる。人類の立場は、捕食者に「狩られる側」から、獲物を「狩る側」へと大逆転したのだ。

20

高度な石器作りに見られる脳の増大と知性面での進化

積極的に狩りを行い、日常的に肉を食べるようになったことで、エレクトスの脳は徐々に大きくなっていった（P60 参照）。そうした脳の増大がエレクトスに与えた影響は、彼らが作っていた石器にも表れている。

ホモ・ハビリスの石器は、石同士を打ち合わせて作った粗雑な剥片（オルドヴァイ型石器）だったが、エレクトスの石器は、石の両面を加工し、左右対称にしたハンドアックス（握斧（にぎりおの））に発展していた。ハンドアックスに代表される石器は、同型の石器が最初に発見されたフランス・アシュールにちなんで「アシュール型石器（アシュール文化）」と呼ばれる。

ハンドアックスのように鋭い刃を持つ石器を作るには、材料となる石の選択や加工の方法、手順など、高度な知性が求められる。つまり、エレクトスの石器には、明らかに知性面での進化がうかがえるのである。

エレクトスの時代には、おそらくまだ木の柄に石器を組み合わせたような武器はなかったと思われる。彼らは石器を直接武器として使うというよりは、石器を使って木の先を鋭く削り、それを槍として使っていたのではないだろうか。そうした槍は、獲物を仕留めるだけでなく、草原で肉食動物に遭遇した際、相手に向けて威嚇するという使い方をしていた可能性もある。

狩りを成功させるために戦術を考えたり、石器を工夫したり、いろいろな知恵を働かせることで肉を得る。その肉で脳を養うことができるようになる。それらがプラスのフィードバックとなって、脳の増大につながったといえるだろう。そして、脳が大きくなることで、それがやがて心の発達にも結びついていくのである。

Column

●肉の消化の良さが脳の増大を助けたのか

人類の脳は、進化の過程で大きさを増していったが、ホモ・ハビリスから始まるホモ属になってからの脳の増大化は著しい。脳が増大した理由としては、本文でも説明しているように、肉を食べることで豊富な栄養を摂取できるようになった点が大きな要因だと考えられているが、体内における肉の消化の良さも関係があるようだ。

肉食になる以前、人類は果物や木の実、硬い豆、草の根っこなどを食べていた。こうした植物性の食物を消化するためには長い腸が必要になる。そして、腸が食物を消化することに、多くのエネルギーが使われていた。一方で、肉は植物性の食物に比べてとても消化が良い。肉食によって人類の腸は短くなっていき、消化に使われていたエネルギーは脳に回るようになった。そのことが、脳の増大につながったというのである。

ほかにも、火を使用することで硬い食物が食べやすくなり、効率的に食物を摂取できるようになったことが、脳の増大に影響を与えたと指摘する研究者もいる。このように、視点を変えてみても、やはり肉食の開始が人類の脳の増大に関係していることは間違いないようだ。

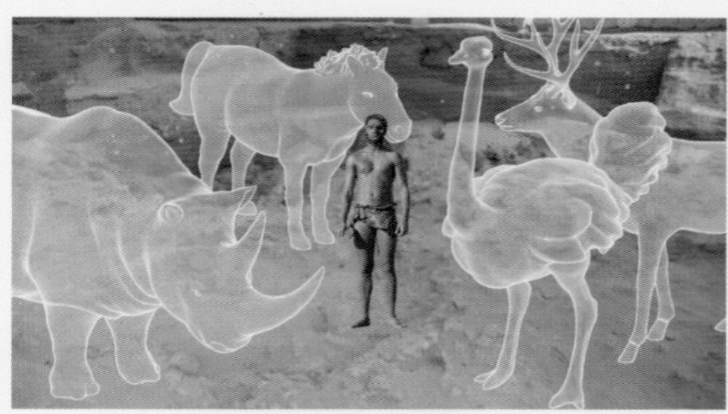

▲ドマニシ遺跡では大型草食動物の化石が多数出土。日常的に肉を食べていたと考えられる。

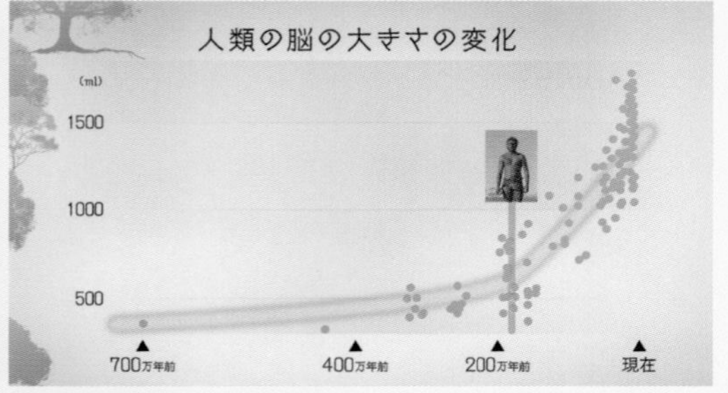

▲脳容積の拡大のグラフ。エレクトスの頃から急激に脳が大きくなるのがわかる。

◆*Interview*◆ 世界の研究者が語る人類学の最前線〈5〉

●ホモ・エレクトスは獲物を追い詰める優れたランナー

アメリカ／ハーバード大学　ダニエル・リーバーマン教授（古人類学）

●特別な武器がいらない狩猟方法

ホモ・エレクトスの時代には、まだ高度な武器はありませんでした。そこで、彼らは持久力を活かして獲物を追い回し、獲物が弱るのを待つ方法で狩りをしていたと考えられます。これなら特別な武器はいりません。現代でもメキシコの先住民が走って獲物を追い詰める狩りをしていますが、武器はいっさい持っていないのです。

エレクトスの骨盤を見ると、大殿筋（だいでんきん）という大きな筋肉があったことがわかります。これはヒトが走るときに重要な筋肉で、彼らが優れたランナーであったことを示しています。

●協力し合って生きていた祖先たち

狩りにおいては、走る能力だけでなく、知性が欠かせません。獲物の行動や地面の痕跡からさまざまなことを読み取り、判断する必要があるからです。人類が狩猟を開始したのと脳が増大し始めた時期が同じなのは偶然ではありません。実際、エレクトスの脳容積は、アウストラロピテクスの２倍になっています。狩りの獲物を食べることで脳を大きくするのに必要な栄養を獲得し、脳が大きくなることでさらに狩りの能力が向上する。ヒトは大きな脳のおかげで、より優れた狩猟者になっていったのです。

狩猟採集社会では、お互いに協力し合うことが非常に重要です。生きていくためには、狩りをし、採集し、道具を作らなければならない。そして、狩猟採集という椅子を支える４本目の脚こそが協力です。初期の狩猟者だった私たちの祖先は、食物を分け合い、分業し、協力することで、社会を機能させていたのです。

▲大殿筋の説明をするリーバーマン教授。

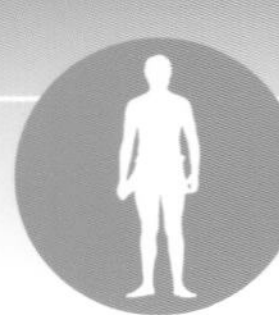

アフリカからユーラシアへ拡散したホモ・エレクトス

およそ180万年前、アフリカで進化したホモ・エレクトスは、西アジアを経てユーラシア大陸各地へ進出していった。人類が初めてアフリカを出た、人類史上における重要な出来事だった。

住み慣れたアフリカを離れ新たな世界へ踏み出した人類

約700万年前、類人猿との共通祖先から分岐した初期の人類は、アフリカ大陸の中でさまざまな種に進化を遂げていった。言い方を変えれば、人類はずっとアフリカに留まり続けて、アフリカを離れたことはなかったのだ。

そのアフリカを初めて出て、新たな土地へ拡がっていったのがホモ・エレクトスである。この人類史上でも大きな出来事は、モーセがエジプトを脱出する物語を描いた『旧約聖書』の「出エジプト記」になぞらえて、「出アフリカ」（「出アフリカⅠ」）と呼ばれる。その出アフリカの重要な証拠が、ジョージアのドマニシ遺跡で発見されている。

ジョージアは黒海とカスピ海に挟まれたコーカサス山脈の南麓に位置する国で、かつてはグルジアと呼ばれていた。ジョージア東南部にあるドマニシ村は、ふたつの谷が合流する崖の上に中世の遺跡があることで知られている。東西交易の道シルクロードのひとつが通っていたところで、その監視と警備のために城が建てられていたのだ。

その中世の遺跡の調査が進むうちに、遺跡の下から絶滅したサイの化石が出てきた。そして1991年には、原人あるいは旧人と思われる下顎骨化石が、粗雑なオルドヴァイ型石器と一緒に発見された。その後も続々と頭骨化石が見つかったことで、それまでの原人のアジア拡散に関する常識は覆されることになる。

当時、アジアで発見されていた原人の化石は、古いものでも150万年前の年代で、化石の脳容積は850mlを超えていた。そのため、約160万年前のトゥルカナ・ボーイ（P62参照）のように背が高く、脳容積の大きなホモ・エレクトスが、150万年前以降にアジアへ拡散し、北京原人やジャワ原人へ進化したものと考えられていた。

しかし、分析の結果、ドマニシ遺跡で発見された化石は約180万年前のもので、脳容積も約600～780mlと小さいことがわかった。この化石の発見によって、それまでの想定よりもさらに初期のホモ・エレクトスが、アフリカからユーラシアへ拡散したことが明らかになったのである。

アフリカを出た理由は食物を追い求めるためだったのか

では、なぜエレクトスは住み慣れたアフリカを離れたのだろうか。はっきりした理由はわかっていないが、ヒトを含めた動物の習性という面から見ると、大きな理由のひとつはおそらく食物だろう。少しでもたくさん食物を得られる場所を求めて、あるいは狩りの獲物を追って移動を繰り返すうちに、アフリカを出ることになったと考えられるのだ。

また、アフリカに比べて寒くなるユーラシアでは、果物や木の実などの植物を常に確保することは難しいが、肉食を始めていたエレクトスの場合、植物性の食物だけに頼る必要はない。そうやって環境の変化にも柔軟に適応できたことで、アフリカを遠く離れても生き延びることができたのだろう。

アフリカを出たエレクトスがたどったルート

▲（上）ジョージア・ドマニシ遺跡の発掘現場。「ドマニシ原人」とも呼ばれる人骨化石が出土したことで知られる、アフリカ以外では最古の人類遺跡だ。（下）ドマニシ遺跡の周辺の様子。

▲ドマニシ遺跡の位置。

▲ 1991 年から 2005 年にかけて、ここで初期の人類の化石が見つかった。人類がアフリカを出た時期が、それまでの常識（約 150 万年前）をはるかにさかのぼり、約 180 万年前にはすでにこの地で生活していたことが明らかになった。

▲ドマニシでは、多くの草食動物の化石も出土。人類が狩りを行い、肉を食べていたことを示す。

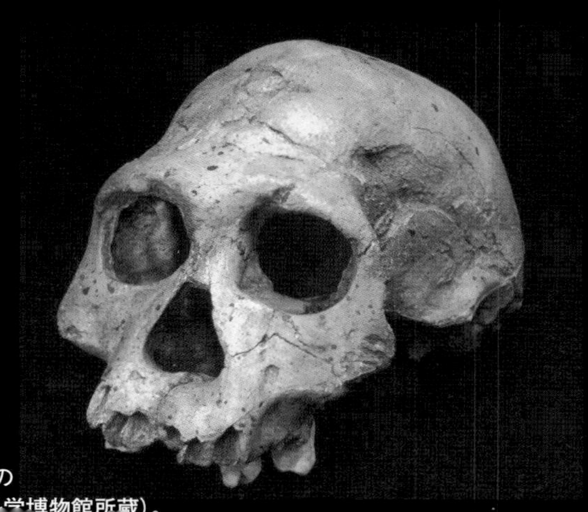

▶ドマニシ遺跡で発見された初期のエレクトスの頭骨（模型）（国立科学博物館所蔵）。

としては、現在のエジプトから中東を経て西アジアへ移動し、そこからヨーロッパや東アジアへ拡散していったという説が有力である。長い年月をかけて、世代交代を繰り返しながら、最終的にヨーロッパではイギリスやスペイン、イタリアのあたりまで、またアジアでは中国や東南アジアにまで到達していた。

東アジアへ到達したグループから分かれた北京原人とジャワ原人

アフリカを出て、約180万年前にドマニシに到達したエレクトスのうち、東方の温暖な地域へ移動したグループは、さらにインド半島の東部あたりで、約160万年前に中国方面へ向かったグループと、約120万年前（約160万年前という説もある）に東南アジア方面へ向かったグループに分かれていった。

その過程で、脳容積も増大していったと思われる。ただし、中央アジアや南アジアでは、エレクトスの化石はほとんど発見されていないため、その実態はよくわかっていない。しかし、彼らは最終的に、中国の北京原人やインドネシアのジャワ原人になったと考えられている。初期の人類の中でも、北京原人やジャワ原人の名はよく知られているが、種としてはホモ・エレクトスなのである。

その後、少なくともジャワ原人は、大陸から半ば隔離された東南アジアの地で、独自の進化を遂げながら100万年以上も生きていたが、やがて勢力を拡大したホモ・サピエンスとの生存競争に負けて絶滅していった。

人類進化の定説を揺るがしたホモ・フロレシエンシス

実は、ジャワ原人がいたインドネシアで、ジャワ原人とは別の超小型の種が生きていた。

2003年、ジャワ島の東に位置するフローレス島で発見された化石の研究が、学術雑誌『ネイチャー』に掲載されると、世界中の人類学者たちの間に衝撃が走った。

ホモ・フロレシエンシス（フローレス原人）と名づけられたその女性個体の化石は、身長が110cm、脳容積が420mlで、数万年前のものであるにもかかわらず、約300万年前の猿人と同程度の体格と脳容積だった。しかも石器を使用していたらしい。

人類進化の過程では、身長と脳が大きくなる傾向があり、多少の増減はあっても逆行するような大きな変化はないと考えられていたため、フロレシエンシスの化石は、その定説を揺るがす大発見だったのである。

研究の結果、フロレシエンシスは100万年以上前に初期のジャワ原人の仲間がフローレス島に渡り、ほかの地域から隔離される中で、独自の進化を遂げたものと結論づけられた。フロレシエンシスが非常に小さいのは、おそらく狭い島で個体数を増やすために小型化したからではないかと考えられている（P148参照）。

Column

●ドマニシの化石はエレクトスではなかった？

ドマニシ遺跡からは初期のエレクトスの人骨化石が数多く発見されているが、アゴと歯と脳が中くらいの個体、アゴと歯が巨大で脳が小さい個体、あるいはアゴと歯が小さく脳が大きい個体など、さまざまな特徴の化石が出土している。そのため、それらが別の種なのか、同一種内の変異なのか、男性と女性の違いなのかが議論の的になっていた。

そこで、一部の研究者は、アゴと歯の大きな個体を「ホモ・ジョルジクス（ジョージアのヒト）」という別種として区別することを提案した。

しかし、研究の結果、ドマニシの化石に見られる個体差は、男性と女性の性差によるものとして、最近ではすべてをホモ・エレクトスと見なす意見が優勢になっている。

なお、近年発見された脚の骨から、ドマニシに住んでいたエレクトスは身長が145～165cmほどで、アフリカや東アジアのエレクトスよりもやや小柄だったことがわかっている。

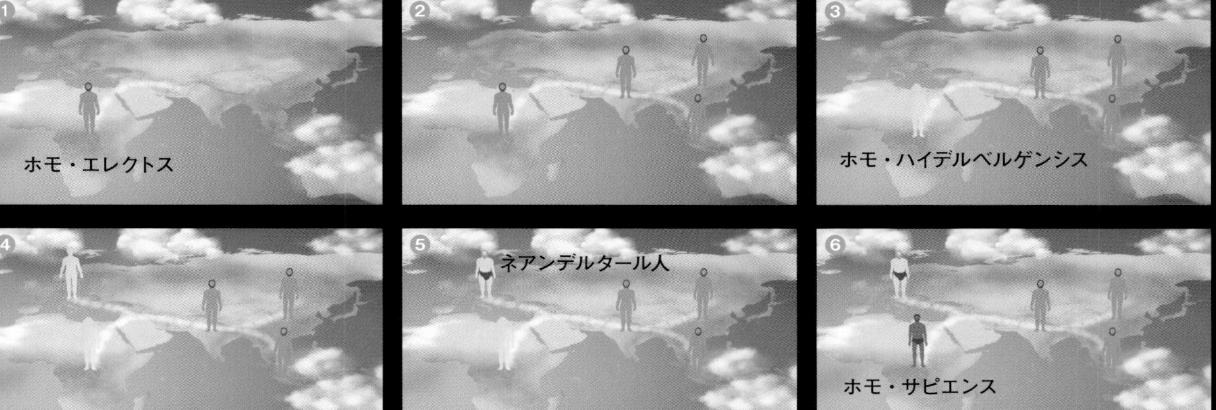

▲ホモ・エレクトスの拡散とホモ・サピエンスの誕生
①約 180 万年前、ホモ・ハビリスはアフリカでホモ・エレクトスに進化した。
②やがてエレクトスはアフリカを出てユーラシア大陸各地に拡がっていった。
③アフリカでは、エレクトスがホモ・ハイデルベルゲンシスに進化した。
④ハイデルベルゲンシスはアフリカを出てヨーロッパとアジア（除く東南アジア）に進出した。
⑤ヨーロッパのハイデルベルゲンシスは、新たな環境のもと、ネアンデルタール人に、アジアのハイデルベルゲンシスはダーリー人に進化した。
⑥一方アフリカに残ったハイデルベルゲンシスは、ホモ・サピエンスへと進化した。

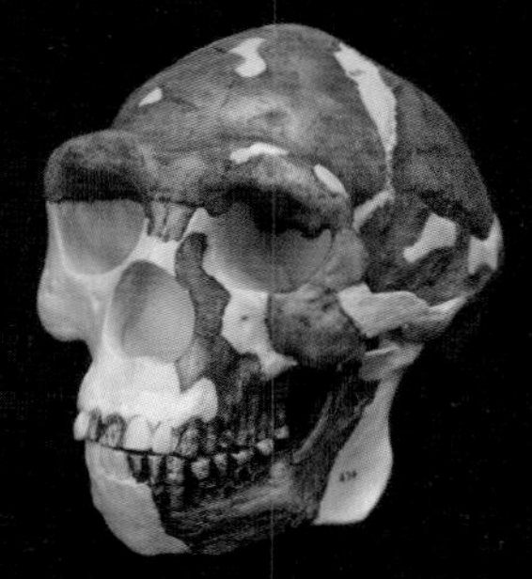
▲北京原人の頭骨（模型）。

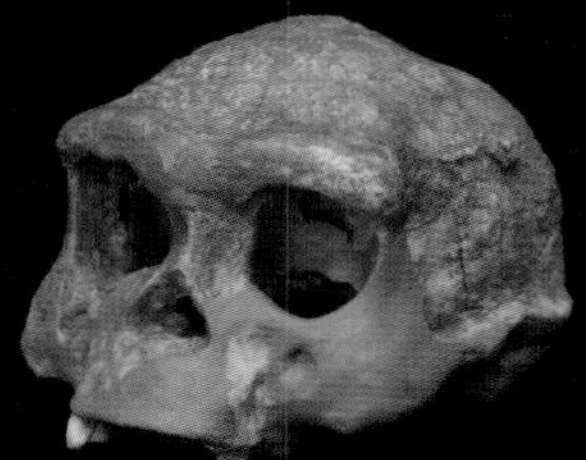
▲ジャワ原人の頭骨（模型）。
（2 点とも国立科学博物館所蔵）

▲フローレス島の位置。

▲ホモ・フロレシエンシス（フローレス原人）の生体復元モデル（国立科学博物館所蔵）。身長わずか 110cm、その小ささから「ホビット」と呼ばれ、発見当時大きな注目を集めた。

原人ホモ・エレクトスから旧人ホモ・ハイデルベルゲンシスへの進化

アフリカを出ていったホモ・エレクトスがいる一方で、アフリカに残ったエレクトスは、やがて頑強な身体と頭脳を発達させた旧人ホモ・ハイデルベルゲンシスに進化する。

原人と新人をつなぐ旧人ホモ・ハイデルベルゲンシス

約180万年前にアフリカを離れ、ユーラシアへ拡散していったホモ・エレクトス。一方で、そのままアフリカに残ったエレクトスの中から、やがて頑強な身体を維持しながら、さらに頭脳を発達させた新たな種が出てくる。ホモ・ハイデルベルゲンシス（約70万〜20万年前）だ。原人エレクトスから進化したハイデルベルゲンシスは、原人とのちに登場する新人ホモ・サピエンスをつなぐ存在の旧人に分類される。

ハイデルベルゲンシスの化石が初めて発見されたのは1907年のこと。ドイツ・ハイデルベルク近くにある砂の採掘現場で、作業員たちがほぼ完璧な下顎骨化石を見つけた。化石はこれまでの種とは違うものと考えられ、ハイデルベルゲンシスと名づけられることになった。

1921年には、アフリカの北ローデシア（現ザンビア）のカブウェ近郊にあるブロークン・ヒル鉱山で、ハイデルベルゲンシスの男性個体の骨格化石が発見された。身長は180cmを超え、体重も80kgに達するほどの体格で､顔が大きく、眉の部分の眼窩上隆起は盛り上がり、平らな額という顔つきはまるで原人のようだ。

ところが、脳容積は約1300mlと、現代人と変わらないほどの大きさで、おそらく高い認知能力を持ち、知性も十分備わっていて、原人よりもさらに人間的な行動をとることができたと推測されている。スペインのアタプエルカにあるハイデルベルゲンシスの遺跡では埋葬の痕跡が確認されており、死や時間の概念という抽象的な思考が芽生えていたこともうかがえる。また、頭骨の構造から、言葉を話せた可能性も指摘されている。

高緯度と寒さの問題を克服してヨーロッパへの定住を果たす

約50万年前、一部のハイデルベルゲンシスがアフリカを出て、ユーラシア各地へ拡散していく。1907年にハイデルベルクで発見された化石は、アフリカを出てヨーロッパへ拡がったハイデルベルゲンシスのものだったのだ。

ヨーロッパの中でも、特に北西ヨーロッパに進出したハイデルベルゲンシスは、ふたつの問題に苦しめられることになる。ひとつは高緯度と日差しの問題だ。高緯度地域では日差しが弱いため、肌の色が濃いハイデルベルゲンシスの子供は、皮膚の中でビタミンDを十分に合成できず、ビタミンD不足で「くる病」（脊椎や四肢の骨格異常）になってしまうのだ。それでも、少しでも肌の白い子供がなんとか育って子孫を残すということを繰り返し、徐々に肌の色が白くなることで、この地域に定着したと思われる。

もうひとつの問題は厳しい寒さである。暑いアフリカで生まれ育ったハイデルベルゲンシスにとって、ヨーロッパの寒さはこたえただろう。もともと頑健な身体を持っていた彼らだったが､さらに寒さに耐えられるようにするため、胴体を太くし、腕や脚など身体の末端を短くすることで体熱の放散を減らしていった。

このようにして、厳しいヨーロッパの環境に適応していったハイデルベルゲンシスは、やがてネアンデルタール人へと進化していく。

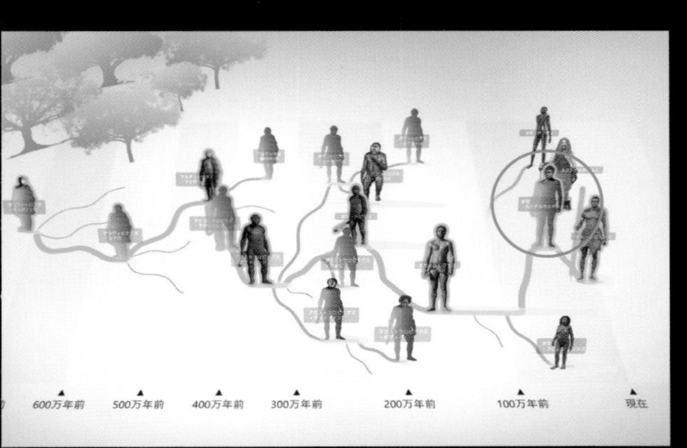

▲ホモ・ハイデルベルゲンシスは、ネアンデルタール人とホモ・サピエンスにとって共通の祖先にあたる。

▲1921年にザンビアのカブウェで発見されたハイデルベルゲンシスの頭骨（模型）。カブウェ人とも呼ばれている（国立科学博物館所蔵）。

▲スペイン・アタプエルカにあるハイデルベルゲンシスの遺跡の入口。

▲アタプエルカ遺跡の位置。

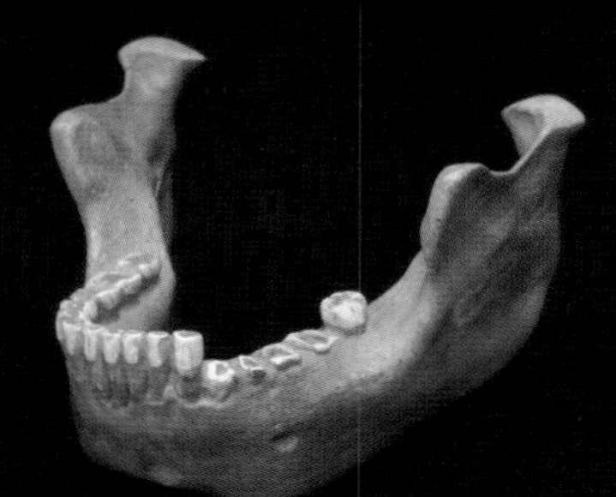

▲ハイデルベルゲンシスの名前の由来にもなった、1907年にドイツのハイデルベルク近郊で発見された下顎骨（模型）（国立科学博物館所蔵）。

Column

●寒さがヒトの身体を変えた

生き物は環境や気候に応じて身体をさまざまに適応させるが、その適応方法にはいくつかの法則がある。たとえば、寒い地域に住む動物は、脚、耳、鼻、尾などの突起物が小さくなるが、それを「アレンの法則」と呼ぶ。ホモ・ハイデルベルゲンシスの胴体が太くなり、腕や脚などの身体の末端が短くなったのも、アレンの法則にのっとっているのだ。

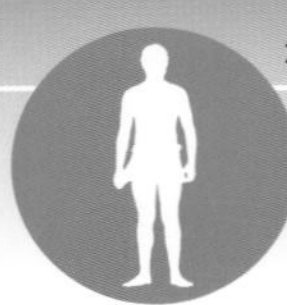

ドマニシ遺跡が語る人類の「心」の芽生え

ジョージアのドマニシ遺跡で見つかった老人の頭骨化石。それは、ホモ・エレクトスが仲間を介護していた様子と、彼らの中に「思いやり」の心が生まれていたことを示す重要な発見だった。

歯のない老人の頭骨化石が示す人類史上最古の介護例

ホモ・エレクトスの出アフリカを示す証拠として注目されたジョージアのドマニシ遺跡からは、もうひとつ重要な化石が発見されている。

2003年に見つかったその化石は、30～40代の老人のものと思われる頭骨で、アゴにはほとんど歯がなかった。30～40代は当時としては高齢者にあたる年齢で、歯がないのは加齢によって抜け落ちたためと考えられる。

注目すべきは、歯がなくなったあとも、数年間生きていたという点だ。通常、野生動物の世界で歯のない個体が生き延びるのは不可能だ。初期の人類の場合でも同じことがいえるだろう。だが、化石のアゴはほぼすべての歯槽（しそう）（歯の根がはまっている穴）がふさがっていた。このことから、身体が衰え、歯もなくなった老人に、誰かが軟らかくて食べやすい食物を与え、世話をしていたことがうかがえる。つまり、エレクトスは年老いた仲間を介護していたのである。

ドマニシ遺跡のある地域は、180万年前には広い台地だった。近くの火山から流出した溶岩が固まった平原に、溶岩でせきとめられてできた湖があり、緑が生い茂る豊かな環境が広がっていた。そこにはオオカミやシカ、ダチョウ、サイ、ウマ、ゾウといったさまざまな動物が生息しており、おそらく初期のエレクトスたちは、季節の変化に伴って移動する動物たちを追ううちに、この地にたどり着いたのだろう。

ドマニシに住むエレクトスは、十分な獲物を確保することができた。食物に余裕があったため、軟らかい肉や内臓を老人に分け与えることができたのだろう。歯を失った老人が生き延びられたのは、この豊かな自然環境の影響もあったと考えられる。いずれにしろ、人類史上最古の介護例として非常に重要な発見となった。

他人を思いやる人間らしい心の誕生

振り返ってみれば、アルディピテクス・ラミダスの時代から、オスがメスや子供に食物を運ぶなど、他者の世話をするという行為は見られた。しかし、それはあくまでも自分の遺伝子を残すことにつながる関係性に限定されるものだった。それが、ドマニシの例では、自分より年上の他者、言い換えれば、自分の遺伝子を残すことにはつながらない者の世話をするようになっている。つまり、彼らに「他人を思いやる」という人間らしい心が芽生えていた証拠だ。

日常的な肉食と、狩りや石器作りで頭を使うことの相互作用で増大した脳は、身体の進化だけでなく、内面にも変化を生むことになった。彼らは「心を持つヒト」に進化したのである。

豆知識 Q&A

Q：化石標本が金色なのはなぜ？

A：P55の写真で化石骨が金色なのは、電導性の高い金で真空蒸着メッキを施しているからだ。それは、骨の傷の微細な構造を調べるために、資料を走査型電子顕微鏡に入れて電子ビームを当てたときに、余分な電子を逃がしてやるためなのだ。金メッキがないと、資料が過剰に光ってしまい、よく見えない。

▲ドマニシ遺跡の発掘現場。

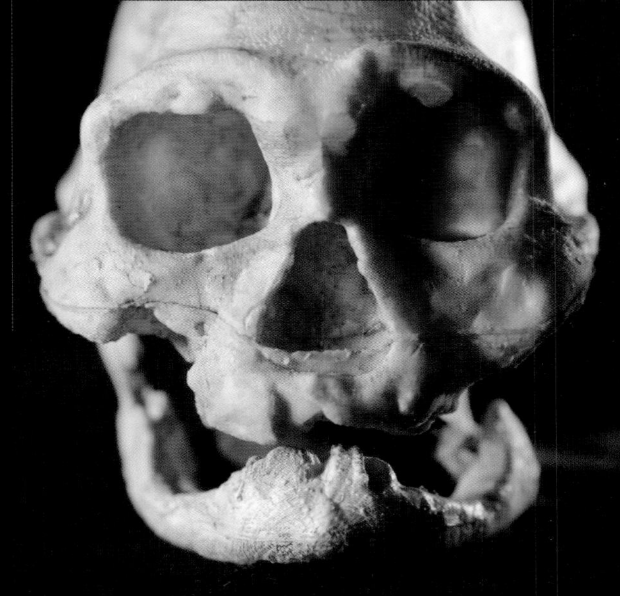

▲ドマニシ遺跡で見つかった、年老いてから死んだエレクトスの頭骨化石。「オールドマン」の呼び名のついたこの頭骨には歯がほとんどなかった。歯のない状態で数年間生きられたのは、軟らかい食物をもらうなど誰かの世話があったからにほかならない。

▲▶❶❷❸仲間と肉を分け合い、思いやりを示すエレクトス。栄養豊富な肉を食べるようになり、脳が増大し、知能も高まっていったことで、身体だけでなく、心も進化していったと考えられる。

3

◆Interview◆ 世界の研究者が語る人類学の最前線〈6〉

●約180万年前に「人間性」が芽生え始めた

ジョージア／ジョージア国立博物館　デビッド・ロルドキパニゼ教授（古人類学）

●好奇心が人類を拡散させた

ドマニシ遺跡では、アフリカ以外で最も古い人類の痕跡を見ることができます。ここからはヒトの頭骨や下アゴ、それ以外の部位の骨がいくつも見つかっています。原始的な石器も数千点出土しています。発掘現場の地層を複数の年代測定法で調べた結果、約180万年前のものと結論づけられました。つまり、人類が初めてアフリカを出た年代が約180万年前であることを示しているのです。

ホモ・エレクトスは、どうしてアフリカを出たのでしょうか。おそらく単に食物が不足したからというのではなく、彼らが自分たちの住む環境を広げたいと思い、かつそれが可能だったために、アフリカを出て拡散したのだと考えています。人類を動かすのは好奇心です。エレクトスは「新しい土地を見てみたい」という好奇心に駆られてアフリカを出た。そして、やがてこの自然豊かなドマニシにたどり着いた。私はそう思っています。

●エレクトスは最初の“真のホモ属”

発掘現場から、歯がほとんどない頭骨が見つかったときは驚きました。そして、その人物が歯を失ったあとにも何年間か生きていたことがわかりました。おそらく集団のメンバーが、老いて歯を失ったその人物の面倒を見ていたのです。つまり、人類に連帯感や思いやりの心が芽生えていた最初の痕跡だといえるでしょう。

約180万年前、こうしてエレクトスは「人間性」への第一歩を踏み出しました。私たちも属するホモ属の中で、エレクトスは“真のホモ属”と呼べる最初の存在ではないでしょうか。

▲ドマニシ遺跡から出土した歯を失った頭骨化石（模型）。

PART 2

最強ライバルとの出会い
そして別れ

アフリカに残ったホモ・エレクトスは、ついにホモ・サピエンスへと進化した。
エレクトス同様アフリカを出たサピエンスは、そこで最大のライバルに出会うこととなる。
最も近い人類種である、ネアンデルタール人だ。

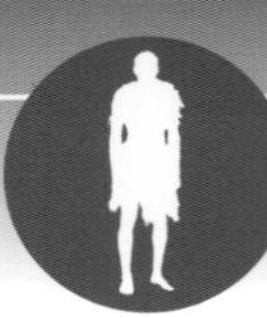

わずか20万年前に登場した私たちホモ・サピエンスとは

およそ20万年前、アフリカで新たな人類種が登場した。現生人類である私たちホモ・サピエンスだ。それまでの原人や旧人には備わっていなかった能力を頼りに、やがて地球上で唯一の人類となっていく。

丸い頭に大きな脳を持ち華奢な体つきに変化

アフリカで進化した旧人ホモ・ハイデルベルゲンシスの一部は、約50万年前にアフリカを出てユーラシアへ拡散していった。一方、アフリカに留まったハイデルベルゲンシスは、約20万年前に新たな種に進化を遂げた。私たち自身の種である新人ホモ・サピエンスだ。サピエンスとは「賢い」という意味である。

サピエンスの外見は、特に頭部の変化が著しい。頭の形が丸くなり、額が目立つようになったのだ。その理由は、脳の増大とともに顔と頸が縮小し、頭の底部が狭くなったことにより、脳を収容している脳頭蓋が丸く盛り上がったからだと考えられる。

サピエンスの頭が丸く盛り上がったしくみについては、入浴時の遊びで作る「タオル風船」を想像してほしい。水面とタオルで空気を閉じ込め、手で縛るとタオル風船ができるが、手を緩めると風船が平らになり、手を締めると風船が盛り上がるのと同じイメージである。

顔が縮小したのは、石器の使用や火を使った調理などによって、食事の際に強い力で噛む必要がなくなり、歯とアゴが小さくなったためだ。また、頸の縮小は、狩りの技術の発達によって、身体の頑強さがそれほど必要ではなくなったことによる。要するに、旧人の頃に比べて、顔も身体も華奢になったのだ。

ただし、下顎底部だけは退化せず、むしろ拡大して、オトガイ（下顎の尖端）が突出するようになった。オトガイはサピエンス固有の特徴で、うつむいたときに、頸の中程に下がった喉頭を圧迫しないための構造と解釈できる。

さらに、顔全体が退縮したために鼻腔が顔の中に収まりきらなくなり、鼻が隆起するようになった。おそらく鼻だけでなく、眉や眼、唇などの顔のパーツは現代人と変わらない状態になっていたはずだ。つまり、顔の人間らしさが確立されたのである。

文化的な能力が生み出すヒトの「人間らしさ」

旧人と比べると、サピエンスは外見だけでなく、内面的な変化も非常に大きい。「ヒトがヒトであること」、つまり人間らしさとは、身体の構造や機能ではなく、「心」や「知性」にあるといってもいいだろう。

サピエンスは、複雑な石器や多様な道具など、必要なものを考えてそれを発明する能力を持つに至った。また、他者とコミュニケーションを図るために、情報を絵や記号などで表したり、言葉で伝えたりする能力にも長けている。さらに、豊かな想像力とそれを表現する芸術性も備えており、サピエンスは、それまでの人類とは比較にならないほど、文化的に高度な能力を獲得したのである。

いってみれば、サピエンスはこうした能力を持ったからこそ、数多くの人類種が繰り広げてきた生存競争を勝ち抜き、世界中で繁栄することになったのである。

ただし、最近の研究で、ネアンデルタール人もある程度こうした文化的な能力を持っていたことがわかっている（P110参照）。

●ホモ・サピエンス

学名の意味：賢いヒト
発掘地　　：エチオピア・オモ盆地
生息年代　：約20万年前以降
身　長　　：約150～180cm
体　重　　：約50～80kg
脳容積　　：約1450ml
（頭蓋腔容積）

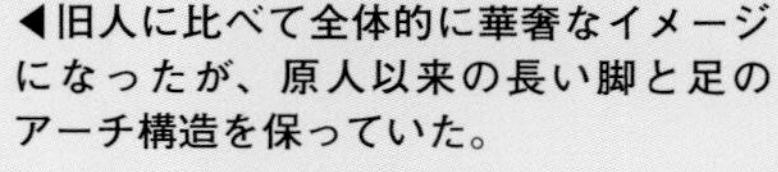
◀旧人に比べて全体的に華奢なイメージになったが、原人以来の長い脚と足のアーチ構造を保っていた。

▲旧人と比べると、食生活の変化でアゴと歯は小さくなり、顔が小さくなったために鼻は前に突き出してきた。

▲ホモ・サピエンスは道具を作り出す能力が飛躍的に向上した。環境の変化に自らの身体を変えて適応するのではなく、道具の発明によって対応できたことがカギとなった。

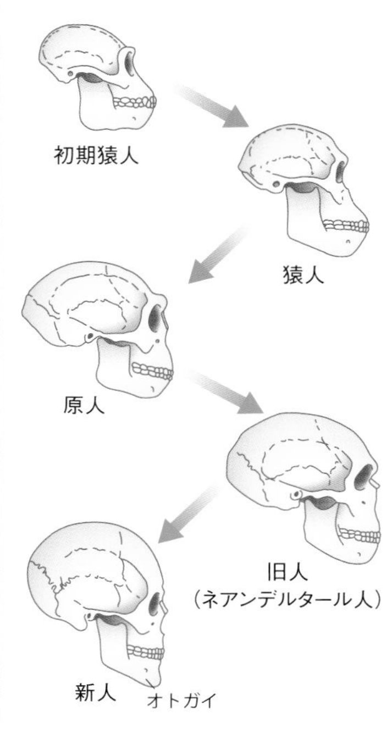

▲頭骨の変化。上から初期猿人、猿人、原人、旧人、新人（ホモ・サピエンス）。脳容積が大きくなっていくのがわかる。ただし、ネアンデルタール人は旧人の中でも特に脳容積が大きい。

●ホモ・サピエンスの360度イメージ

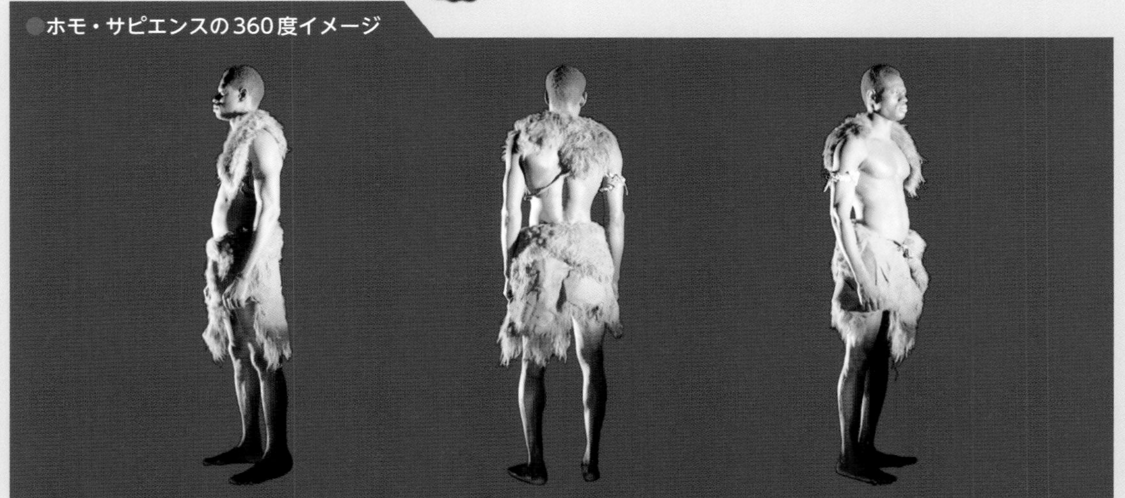

ホモ・サピエンスに突然訪れた絶滅の危機

ホモ・エレクトスやネアンデルタール人など複数の人類種が存在する時代に、新たに出現したホモ・サピエンス。誕生したばかりのサピエンスは、繁栄するどころか、いきなり絶滅の危機に見舞われることになる。

氷期の到来がもたらした食糧難と人口激減

約20万年前にホモ・サピエンスが出現した当時、世界にはほかの人類種も存在していた。約180万年前から生き続けている原人ホモ・エレクトス、約30万年前にホモ・ハイデルベルゲンシスから進化した旧人ネアンデルタール人、そして東アジアにはアフリカのハイデルベルゲンシスの子孫と思われる旧人ダーリー人、そしてのちのデニソワ人（P122参照）の祖先などがいたのだ。

特に、ネアンデルタール人に対して、サピエンスは後発の小さな勢力にすぎなかった。今でこそ世界中に拡がっているサピエンスだが、実は誕生した途端に、絶滅の危機に見舞われていたという説がある。その原因は地球規模の気候変動だった。

約19万5000～12万3000年前に「海洋酸素同位体ステージ6（MIS6）」と呼ばれる厳しい氷期が訪れた。この時期の気候は寒冷で乾燥したものだったが、温暖な東南アジアにはあまり影響がなかったため、そこで暮らしていたジャワ原人などはダメージを受けなかったようだ。また、ヨーロッパに進出していたネアンデルタール人は、いち早く寒冷地に適応していたため、氷期を乗り切ることができた。

しかし、アフリカにいたサピエンスは窮地に立たされる。氷期の時期、赤道付近は乾燥化が進み、アフリカの草原はほとんどが砂漠へ変わってしまったのだ。植物が枯れ、動物たちも激減したことで、サピエンスは深刻な食糧難に見舞われた。人口も急激に減少し、ついに全人口が1万人を切るまでになってしまった。

私たちのDNAに刻まれた絶滅の危機の痕跡

サピエンスが置かれたこの危機的状況は、現代の私たちの遺伝子にも刻まれている。現在、地球上にはおよそ76億人もの人類がいるが、遺伝子の違いは非常に少ない。生息数が30万頭程度のチンパンジーやゴリラよりも、遺伝子の多様性が低いのである。

その理由は、氷期に人口が激減し、DNAの多様性が失われたことで、その後人口が増えてもDNAの多様性が回復することはなかったと考えられているからだ。ビンの首が細くなるように、個体数が激減し、DNAの多様性が減少することから、これを「ボトルネック現象」と呼ぶ（P86参照）。

このように、危機的といえるほど人口が減少してしまったサピエンスは、この厳しい氷期をいったいどこで、どのように生き延びることができたのだろうか。

未知の食物を口にする好奇心がサピエンスを絶滅から救った

草原の砂漠化により、食物を求めて移動を余儀なくされたサピエンスの一部は、やがてアフリカ大陸の最南端に位置する岬へ行き着いた。南アフリカ共和国のピナクル・ポイントである。この岬には複数の海岸洞窟があり、この地にたどり着いたサピエンスはこうした洞窟で生活していた。

近年、その洞窟の奥深くで、絶滅寸前のサピエンスが暮らしていた痕跡が発見された。洞窟

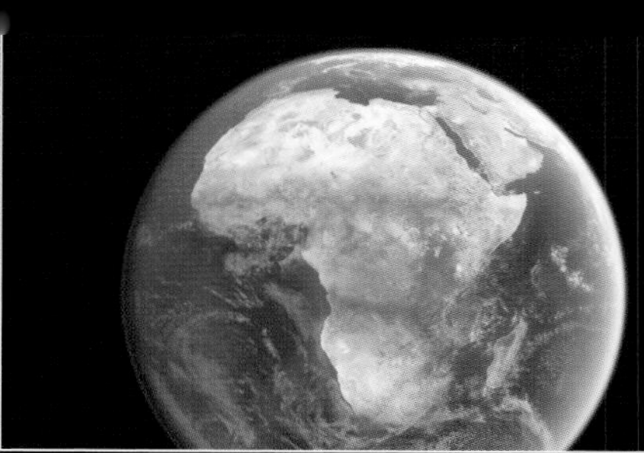

▲約 19 万年前から始まった氷期による地球規模の気候変動。赤道付近では乾燥化が進み、アフリカの草原は砂漠が広がっていった。ホモ・サピエンスはすみかを追いやられ、絶滅寸前の危機に陥ったとされている。

◀▲ピナクル・ポイントにある複数の海岸洞窟に、サピエンスたちが生活していた痕跡が見つかっている。

▲南アフリカ南端に位置するピナクル・ポイント。サピエンスがたどり着いた場所のひとつである証拠が最近発見された

▲洞窟内に残された貝殻の化石。サピエンスたちが海産物を食べて

内からは、火を焚いた炉の跡やたくさんの石器が見つかったが、さらに研究者を驚かせるものも出土した。約16万年前の地層から、ムール貝の化石が出てきたのである。それまで森や草原で暮らしてきたサピエンスにとって、貝は決して口にすることのなかった食物なのだ。

動物は未知の存在に遭遇したとき、本能的に警戒するものだ。まして、それが食物という命に関わるものであれば、なおさら慎重になるはずである。草原地帯から南下して、海岸地帯に行き着いたサピエンスたちは、初めて海を目にしたとき、そして海岸の岩場で貝を見つけたとき、何を思ったのだろうか。

おそらく最初は警戒したに違いない。それでも、どこかのタイミングで好奇心が勝り、貝を口にしてみて、それが食べられることに気がついたのだろう。ピナクル・ポイントの洞窟から見つかった貝殻の化石は、極限まで追い込まれていたサピエンスが、海産物を食物として絶滅の危機を逃れたことを教えてくれる。

ただし、このピナクル・ポイントだけが、サピエンスが生き延びた場所というわけではない。こうした避難地のような場所がいくつもあり、海産物に限らず、それぞれの土地で手に入る食物を口にしながら、サピエンスは厳しい氷期を乗り切っていったのだろう。

慣れない土地で、見たこともない食物を口にするサピエンスの好奇心。それが彼らの生き残りにつながった。私たち現代人は、そんな好奇心あふれるヒトの子孫なのである。

▲サピエンスは、貝などの海産物を食べることで命をつないだと考えられる。

●どうしてDNAの多様性は回復しないのか

Column

動物は多様なDNAを持っているが、動物の個体数がなんらかの原因によって大幅に減少すると、ビンの首が細くなるように集団全体のDNAの多様性も減少してしまう。これを「ボトルネック現象」と呼ぶ。DNAの多様性は、わずかな突然変異の積み重ねによって、ゆっくりとしか進まない。そのため、のちに個体数が急速に回復しても、DNAの多様性はなかなか回復しないのである。

▲現代人のDNAの多様性が極端に少ないのは、かつて人口が激減したことの表れだ。

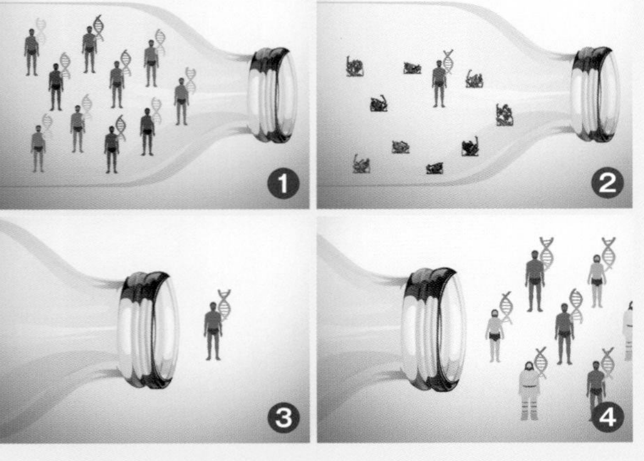

▶❶かつては多様なDNAがあった。❷❸人口が激減し、DNAの多様性も失われる。❹残ったDNAが受け継がれるため、その後人口が回復してもDNAの多様性はなかなか回復しない。

◆Interview◆ 世界の研究者が語る人類学の最前線〈7〉

●ホモ・サピエンスを絶滅の危機から救った海岸

アメリカ／アリゾナ州立大学　カーティス・マレアン教授（古人類学）

●絶滅寸前の人類が暮らした痕跡

南アフリカのピナクル・ポイントは、初期のホモ・サピエンスの痕跡を残す数少ない場所のひとつです。私たちは2000年から、そこにある複数の洞窟を調べ始めました。洞窟の地層には黒い層が見られますが、黒い部分は炭で、サピエンスが火を使っていた炉の跡です。地層には、そうした人類の痕跡がある層と、痕跡のない層が積み重なっています。このあたりは、時代によって海が海進と海退を繰り返していました。おそらく彼らはその海岸の変化に合わせて、住む場所を変えたのでしょう。海岸を追いかけたのは、そこで貝がとれるからです。

洞窟内で人類の痕跡がある最も古い地層は、約16万4000年前のもので、炉の跡のほかに、アワビやカサガイ、ムール貝など、さまざまな種類の貝殻が見つかっています。アフリカの海岸では、貝が生息する場所は限られていますが、このあたりは海産物に恵まれ、栄養豊富な地下茎を持つ植物も数多く自生していました。絶滅の危機にあったサピエンスにとって、ピナクル・ポイントは重要な避難地だったのです。

●争いが人類のレベルを押し上げた

私はこうした海岸での生活が、人類が仲間と協力する能力を進化させたと思います。海岸では食物資源の採集できる場所が集中しています。それらをめぐって、他の集団と争いや対立が起きたことでしょう。自分たちの資源を守るために、仲間同士で協力関係を築くことが、技術や言語の向上を促し、社会性のレベルを押し上げることにつながったと考えているのです。

▲洞窟内にある黒い層は火を使った炉の跡だ。

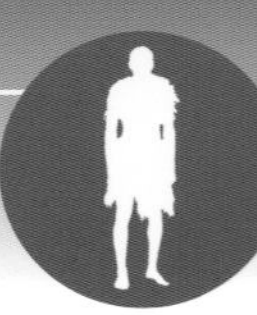

多地域進化説とアフリカ単一起源説 私たちはどこから来たのか

絶滅の危機を乗り越えた私たちホモ・サピエンスは、地球のすみずみまで行き渡り、今や全世界で76億人を数えるほどになった。近年まで、そのルーツをめぐって、ふたつの説が対立を見せていた。

各地で独自に進化した多地域進化説

現在、地球上に生きている人類は私たちホモ・サピエンスだけだ。しかし、同じサピエンスでも地域、あるいは人種によっても、肌や髪の色や顔立ちなど風貌が大きく異なっている。この違いはどこから来ているのだろうか。

かつて、サピエンスの起源をめぐって、大きくふたつの説が対立していた。ひとつは「多地域進化説」で、100万年以上前にアフリカを出た原人や旧人が各地で独自に進化を遂げ、新人（ホモ・サピエンス）になったと考える説である。たとえば、ヨーロッパでは旧人ネアンデルタール人が現代のヨーロッパ人に、アジアでは原人ホモ・エレクトスである北京原人が現代の東アジア人に、ジャワ原人が現代のオーストラリア先住民に、それぞれ進化したというのだ。

もうひとつは「アフリカ単一起源説」（「出アフリカ説」とも呼ぶ）で、アフリカで誕生したサピエンスが数万年前以降に世界中へ拡散したとする説である。近年、飛躍的に進歩した化石の年代測定法やDNA解析技術によって、サピエンスのルーツはアフリカのサハラ以南にあることが判明した。つまり、アフリカ単一起源説が有力視されるようになったのである。

ジャワ原人の研究が裏づけたアフリカ単一起源説

ところで、サピエンスがアフリカを出る以前に、すでに世界の各地域にいた原人や旧人が、新人に進化することはなかったのだろうか。この疑問に関しては、世界中の研究者によって、さまざまな研究が行われてきたが、特に遺伝学的分析によって、アフリカ単一起源説が正しいことがわかってきた。さらに、化石の分析・研究からもそれを裏づける証拠が挙がってきた。その一例として、ジャワ原人の研究を紹介しよう。

ジャワ原人は、アフリカを出た原人エレクトスのうちで、約120万年前（約160万年前という説もある）にジャワ島に渡ったグループを指す。ジャワ原人は頭骨の化石がいくつも発見されているが、年代によってその形態に変化が見られた。

実は、オーストラリア先住民の頭骨の特徴がジャワ原人と似ているため、ジャワ原人が新人に進化してオーストラリアに渡り、それがオーストラリア先住民になったとする説もあった。しかし、ジャワ原人の頭骨の変化は、ほかの原人にも、また新人にも見られない独特のものだった。研究が進むうちに、ジャワ原人の進化の方向性はサピエンスとは異なることがわかり、オーストラリア先住民の母体になったとは考えられないという結論が出された。

この研究成果によって、「サピエンスのルーツはアフリカにある」というアフリカ単一起源説は、さらに確実視されることになったのである。

豆知識 Q&A

Q：火の使用はいつから？
A：人類が火を使い始めたのは、ホモ・エレクトスの時代からと思われる。暖をとったり食物の調理に使ったほか、照明として、あるいは獣除けや虫除けなどに使われたようだ。

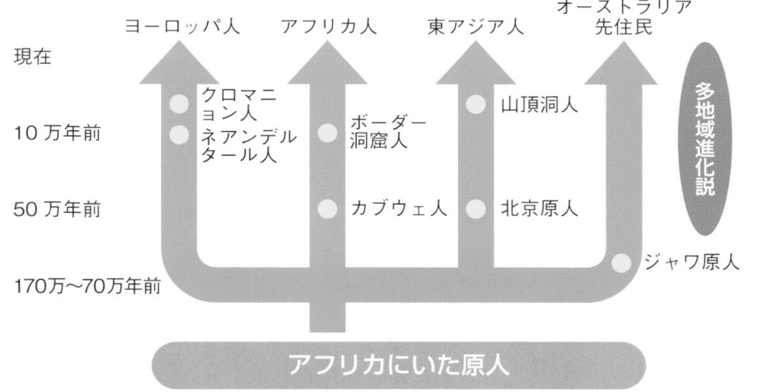

●多地域進化説

現在はほとんど支持する研究者がいなくなった多地域進化説のイメージ。これによれば、ジャワ原人、北京原人、ネアンデルタール人などは、絶滅したのではなく各地域のホモ・サピエンスの祖先になったという結論となる。ホモ・エレクトスからサピエンスへの進化という突然変異の積み重ねが、世界のあちこちで起こったことになり、不自然さが残る。

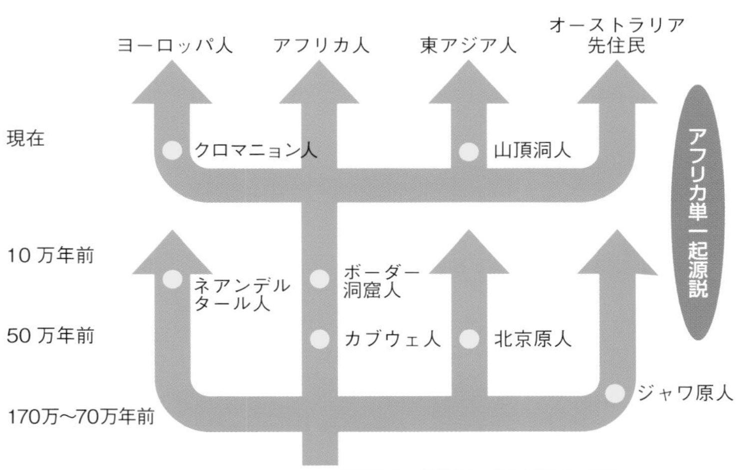

●アフリカ単一起源説

現在ではアフリカ単一起源説はほぼ正しいとされている。DNA 解析技術の進歩をはじめ、約 20 万年前にアフリカに誕生したサピエンスが、さまざまな障壁を乗り越えて世界各地に拡散していったことを示す証拠が次々と明らかになってきている。

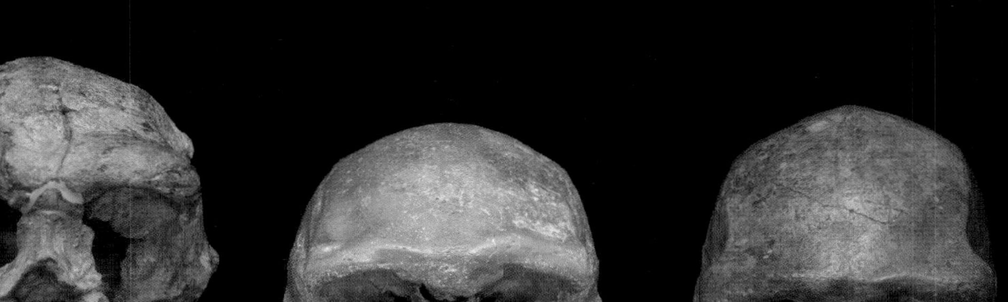

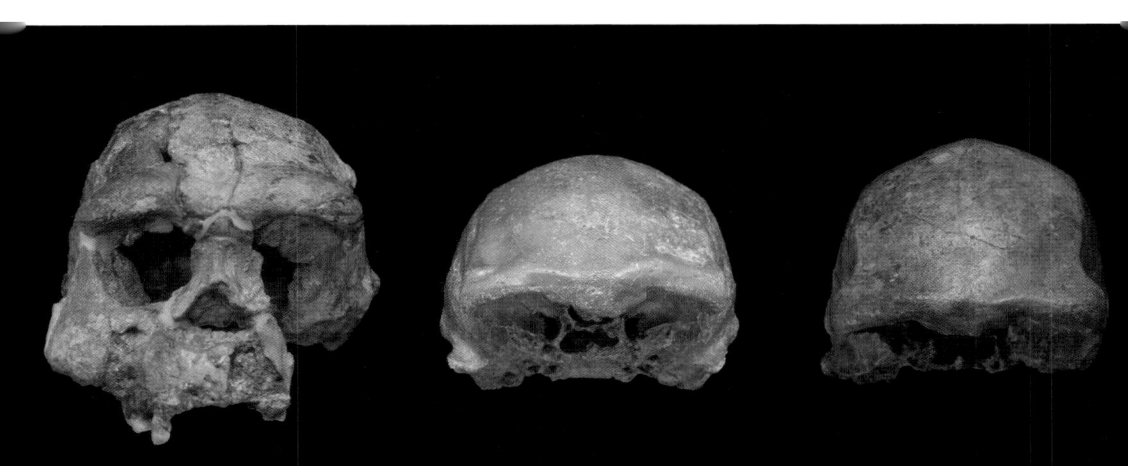

▲年代の異なるジャワ原人の頭骨。約 100 万年前の前期（左）、約 30 万年前の中期（中）、約 5 万年前の後期（右）。これらの頭骨から進化の方向性を調べたところ、ジャワ原人がオーストラリア先住民へと進化したのではなく、独自に進化したあと絶滅した種であることがわかった。サピエンスのアフリカ単一起源説を裏づける結果となった。

ホモ・サピエンスが開花させた文化的能力

複雑な石器や道具の発明、他者とのコミュニケ―ション能力、そして想像力と芸術性。ホモ・サピエンスだけが獲得できたこれらの文化的能力、すなわち「人間らしさ」は、いつ、どのように確立されたのだろうか。

石器作りの新たな技法が脳の発達を促した

ホモ・サピエンスに飛躍的な進化を促した要素のひとつに、石器作りを挙げることができる。

人類が石器を主要な道具として使用していた時代を石器時代といい、そのうちで主に打製石器を用いていた時代を旧石器時代と呼ぶ。そして旧石器時代は前期（約250万～20万年前）、中期（約20万～5万年前）、後期（約5万～1万年前）の3期に分けられる。

前期は原人の時代で、前半はホモ・ハビリスなどが作った単純な打製石器の「オルドヴァイ型石器」が、後半はホモ・エレクトスなどが作ったハンドアックス（握斧）の「アシュール型石器」に代表される。中期は旧人の時代で、ネアンデルタール人などが作った剝片石器の「ムスティエ型石器」に代表される。

そして、後期が新人の時代にあたり、これまでの石器製作の技法に大きな変化が生じた。サピエンスは、核になる石から薄い剝片（はくへん）（石刃（せきじん））を剝ぎ取る「石刃技法（ブレード・テクニック）」を編み出したのだ。前期や中期の製作方法では、ひとかたまりの岩からわずかに1個か、せいぜい数個の石器しか作れなかった。しかし、サピエンスの石刃技法では、ひとつの原石から効率的にたくさんの石器を生産することができる。これらの石刃は多くの場合、さらに加工されて、切る、削る、孔（あな）を開けるなど、使用目的に応じた専用の石器が作られていった。

こうした石器を作るためには、材料となる石の選択から加工方法、工程の把握など、さまざまなことを考え、創意工夫を重ねる必要がある。サピエンス以前の人類も、少しずつ石器技術を進化させてはきたが、サピエンスの高度な石器技術にはおよばない。石器の使用場面を想定し、用途に応じた石器を作り出し、さらにそれを革新するという複雑な作業は、彼らが優れた認知能力と発想力を持っていたからこそできたことなのだ。

サピエンスの想像力と芸術性はアフリカで芽生えた

人類がいつから言葉を話していたのかということは、明確にはわかっていない。骨格の構造から、ネアンデルタール人も言葉を話せていた可能性が高いが、サピエンスはさらに高度な言語を用いて、多くの人々と複雑なコミュニケーションを図ることができたのだろう。

複雑な石器を作り、言葉を巧みに操ることができるようになったサピエンスは、さらに重要な能力を獲得した。実はこの能力こそ、サピエンスの特徴を最も表すものといえる。それは、象徴的意味や芸術を生み出す能力だ。

十数年前まで、ヨーロッパの研究者たちは、現代の私たちと同じような表象能力のある精神、つまり「想像力」や「芸術性」はヨーロッパで誕生したと考えていた。なぜなら、フランスのショーヴェ洞窟やラスコー洞窟、スペインのアルタミラ洞窟など、約3万7000～1万年前の洞窟壁画の表現力があまりにも豊かで、しかもヨーロッパ以外の同時代の遺跡には、似たような壁画は見当たらなかったからだ。

ところが、2002年に、ヨーロッパからはる

▲石を打ち欠いただけの原始的なオルドヴァイ型石器。

▲石を両面から打ち欠いて左右対称のハンドアックスに加工したアシュール型石器。

▲細かく調整された剝片石器のムスティエ型石器。左側は槍先に使われたもの。

▲サピエンスが作った石刃石器。左側の２点は細長い剝片。右側は剝片を剝ぎ取った残りの芯の部分（石核）。

▲いろいろな石器（写真提供：馬場悠男）

▲ブロンボス洞窟で発見された、線刻のあるオーカーの塊（レプリカ・国立科学博物館所蔵）。

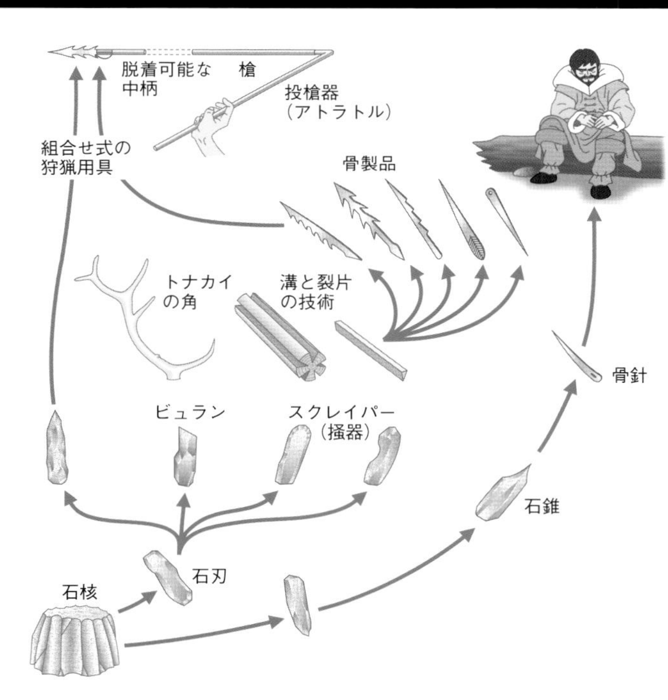

▲石刃技法の特徴は、同じ規格の石器を量産できること。原石を整形した石核をもとに、これを連続的に同一方向から叩いてほぼ同じ大きさの縦長の剝片を作っていく。この剝片を「石刃」と呼ぶ。

か彼方に位置する南アフリカから、驚くべき発見が報告された。海岸の崖にあるブロンボス洞窟で、約7万5000年前の堆積層から、中期石器時代の石器に加えて、オーカーの小さな塊が見つかったのだ。オーカーとは主に赤褐色の酸化鉄化合物で、天然の赤い顔料として使われる。見つかったオーカーの塊は表面が平らになるように磨かれ、斜めの格子模様が刻まれていた。こうした模様は、明らかに意図しなければ描けないもので、何かの記録か、あるいは装飾デザインの可能性もある。つまり、ヨーロッパの洞窟壁画よりもさらに数万年以上も早く、アフリカで想像力と芸術性が芽生えていたのだ。

ブロンボス洞窟にいたサピエンスは、おそらくオーカーを削って動物の脂と混ぜ、身体装飾に用いていたのだろう。あるいは、オーカーの血を連想させる色から、死者が再生することを願って、埋葬時にオーカーを遺体に振りかけたのかもしれない。

洞窟からは、ほかにも彼らの想像力と芸術性を表す加工品が出土している。直径1cmほどの小さな貝殻群だ。薄くてもろい貝殻に、注意深く孔(あな)が開けられており、孔にひもを通して、首飾りや腕輪などのアクセサリーとして作られたと思われる。つまり、オシャレをしていたのだ。

現在でも私たちは宝石で身を飾るが、その価値を他人が理解できるから身につけるのであり、それは他人が自分と同じ心を持つことを認識している証拠である。私たちの祖先は少なくとも7万年以上前に、すでに他者にも自分と同じ生涯があることを認識し、優しさと思いやりの心、つまり「人間らしさ」を確立していたのである。

現実にはないものを想像する力から生まれた原始的な宗教観念

ヨーロッパ各地に残された洞窟壁画は、その見事な芸術性だけでなく、サピエンスが現実にはないものを想像する力を持っていたことも教えてくれる。たとえば、フランス南西部のレ・トロワ・フレール洞窟の壁画には、上半身が動物で脚は人間という謎の姿をした人物がいる。一説には、儀式を執り行うシャーマンの姿だといわれている。また、ドイツのホーレンシュタイン・シュターデル洞窟からは、「ライオンマン」と呼ばれる約4万年前の像が見つかった。これもまた、頭部がライオンで、身体が人間という不思議な姿をしている。

このように、サピエンスが想像力を発揮して壁画を描いたり、像を作ったりしたのは、その場所を特別な空間として位置づけ、人々が壁画に祈りを捧げたり、共に歌い踊ることで、仲間同士のつながりを深めたのではないかという指摘がある。それはまた、サピエンスが神などの超自然的な存在を想像するようになり、原始的な宗教観念の芽生えにつながったと考えられる。

Column

●洞窟壁画は先史時代の芸術作品

先史時代の洞窟壁画として有名なフランス・モンティニャック村にあるラスコー洞窟だが、その発見は偶然によるものだった。1940年9月、渓谷の穴に落ちた飼い犬を救出しようと、4人の少年たちが穴を広げてみたところ、そこに息を呑むような壁画が広がっているのを発見したのである。

このラスコーをはじめ、ショーヴェやアルタミラなどの洞窟壁画には、ウシやウマ、シカ、バイソン、ケサイなど、さまざまな動物の姿や狩猟の様子、幾何学模様、顔料を吹きつけて表した人間の手形などが豊かな表現力で描かれている。

壁画には、主に赤や茶、黄、黒の顔料が使われている。材料は酸化鉄が含まれた赤土や木炭、白土などで、それらを獣脂や血液、樹液などでとかして混ぜ、指だけでなく、コケや動物の毛、木の枝を筆代わりにして描いていたと考えられる。

現在は、壁画保護の観点から、いずれの洞窟も閉鎖・非公開となっているが、現地や博物館などに精巧な複製洞窟が作られており、寸分違わず再現された壁画を鑑賞できるようになっている。機会があれば、ぜひ足を運んで、先史時代の芸術空間に身をおいてみてほしい。

◆Interview◆ 世界の研究者が語る人類学の最前線〈8〉

●想像力と宗教が人類に大きな共同体をもたらした

イギリス／オックスフォード大学　ロビン・ダンバー教授（進化心理学）

●壁画が物語る人類の文化的能力

ヨーロッパ南部にはホモ・サピエンスが描いた数多くの洞窟壁画があります。アフリカでも発見されていますが、ヨーロッパの洞窟は深いので、壁画が良い状態で残ることが多いのです。これらの壁画は、非常に古い時代から人類が絵を描く文化的能力に目覚めていたことを教えてくれます。また、さまざまな動物や人物たちが何かを行っている様子だけでなく、現実には存在しない動物まで描かれている点から、彼らが豊かな想像力を持っていたこともわかります。

彼らが絵を描いた明確な理由はわかりませんが、ただ単に絵を描くのが好きだったから、ということではないでしょう。なぜなら、彼らが壁画を描いた場所は、たどり着くのがとても困難な洞窟の奥深い場所なのです。おそらく彼らはそこを特別な場所と位置づけて、絵を描き、仲間たちと共に歌ったり踊ったりすることで、共同体としての絆を強くすることに役立てていたのではないでしょうか。

●サピエンスだけが持つ特別な能力

私たちサピエンスがほかの動物と違うのは、想像力を持っていることです。現実とは異なる世界があると想像することで、「物語」を作ることができます。「物語」を語り、共有することで、私たちは絆を感じ、家族や共同体への帰属意識が生まれます。そして、想像力はさまざまな文化を生み出し、やがて宗教にもつながりました。宗教は人々を結びつけ、絆を作ります。宗教は大きな共同体を作り出すために進化したメカニズムだといえるでしょう。

▲壁画と宗教の芽生えについて語るダンバー教授。

ホモ・サピエンスの芸術

ショーヴェ洞窟の壁画

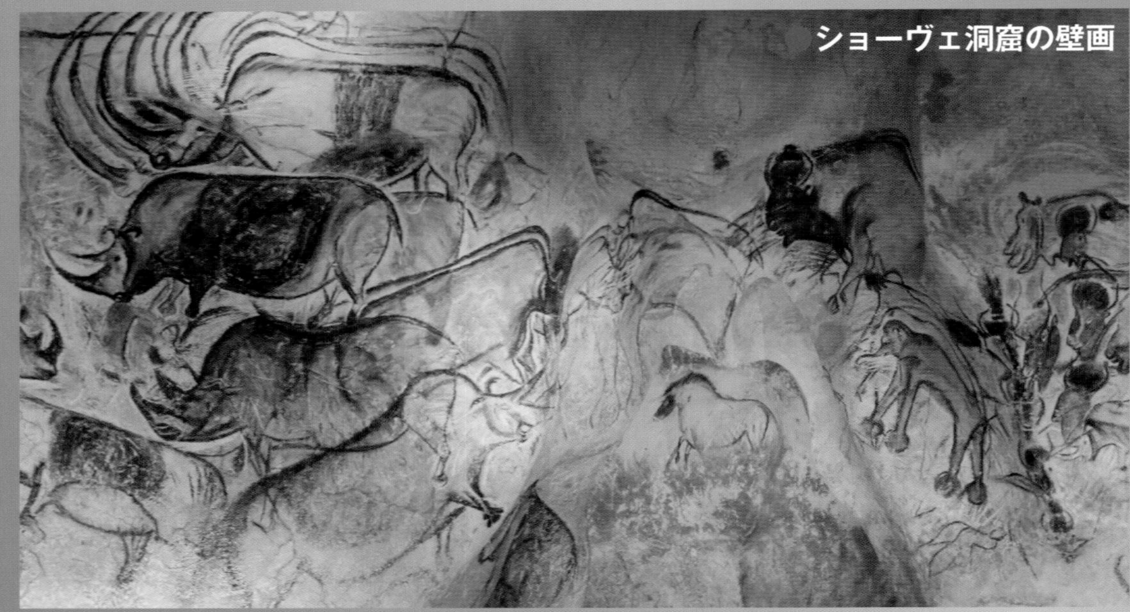

▲フランス南部のショーヴェ洞窟には約3万7000年前の洞窟壁画が残されている。

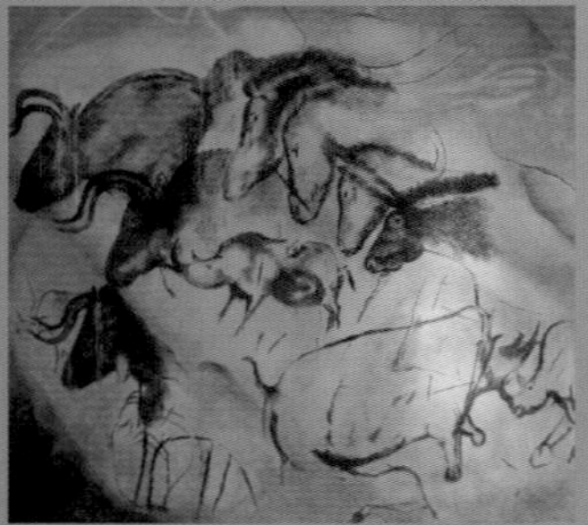

▲ウマやウシ、ケサイなど300点近い動物が描かれた壁。

ラスコー洞窟の壁画

◀フランス南西部のラスコー洞窟の壁画。全長約200mの洞窟に数百の動物、人間、幾何学模様などが描かれている。

レ・トロワ・フレール洞窟の壁画

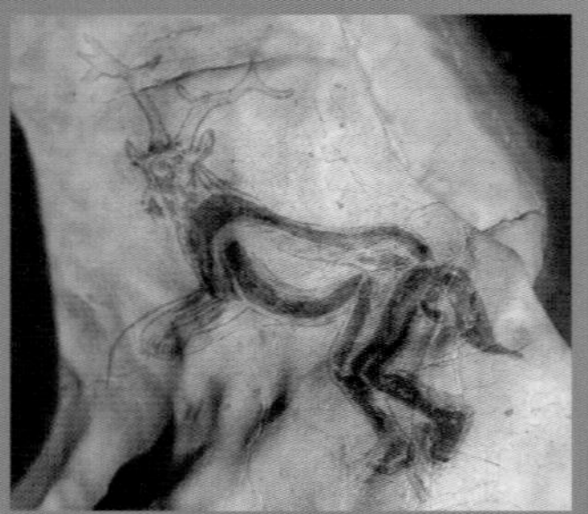

▲脚は人間で上半身は動物の不思議な生き物。儀式を執り行うシャーマンの姿ともいわれている。

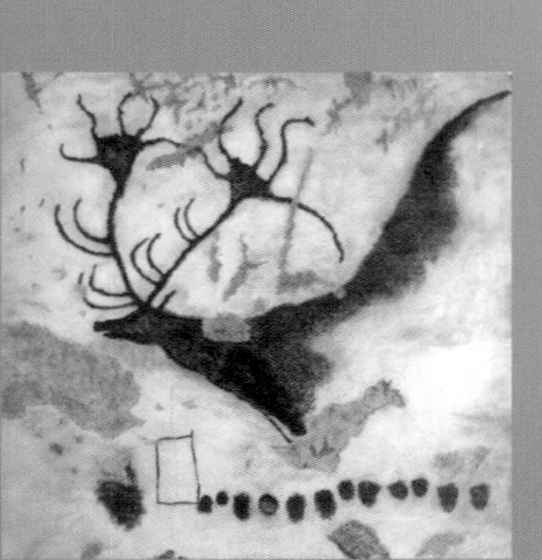

▲オオツノジカを描いたと思われる壁画。

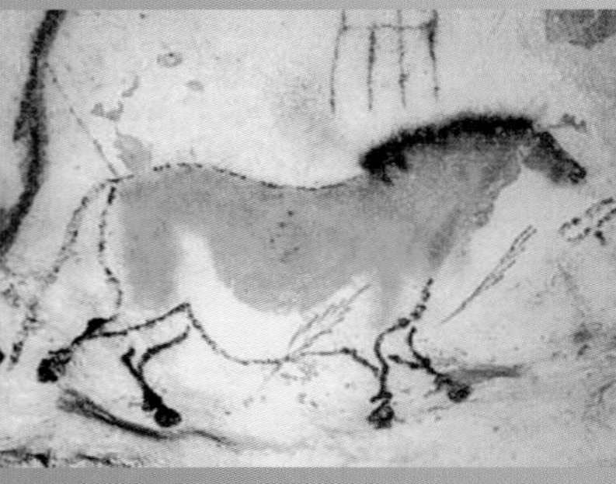

▲ウマを描いたと思われる壁画。

ホモ・サピエンスの心は、死後の世界を想像する力、原始的な宗教へとつながっていった。それはさらに現実を超えたものを創造する力となって、数多くの芸術を生み出した。

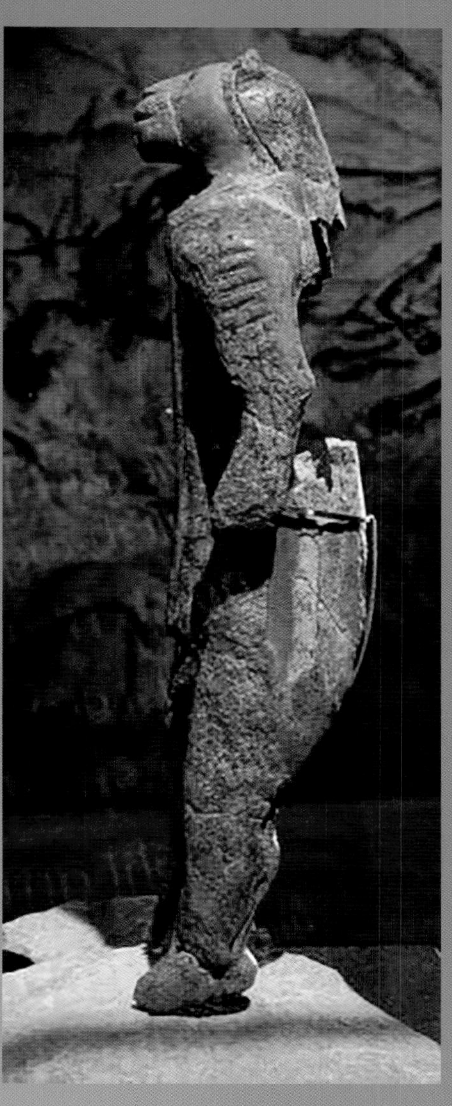

●象牙の彫刻「ライオンマン」

▲▶ライオンの頭に人間の身体を持つ、ドイツで発見された後期旧石器時代の象牙彫刻。「ライオンマン」と呼ばれるこの像は神を表現している可能性もあるといわれる。

●スンギール遺跡の装飾品

▶ロシアのスンギール遺跡で発見された、マンモスの牙で作られた世界最古の指輪。

▲ 50 匹のホッキョクギツネの骨で作られた頭飾り。

▶ウマかウシのような動物をかたどったと思われる装飾品。死者のために驚くほど精巧な装飾品が作られていた。

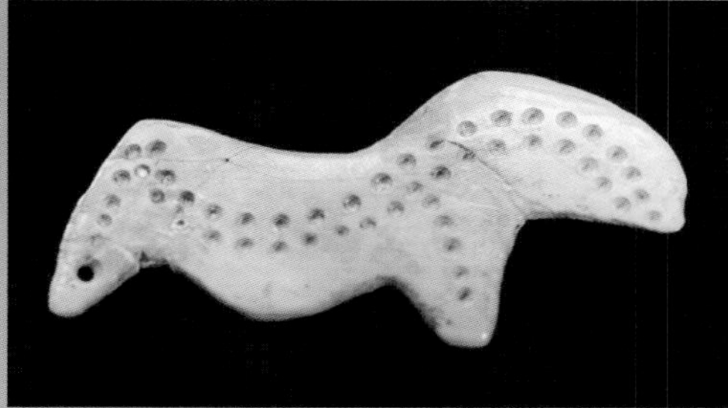

▲①暗い洞窟の奥深くに集まったサピエンスの集団。何かの儀式を行っているようだ。

▲②③④人々が歌いながら見守る真ん中で、シャーマンは壁画に向かって祈りを捧げる。

◀⑤火で照らされた壁に動物たちが浮かび上がると、人々を幻想的な感覚が支配していく。

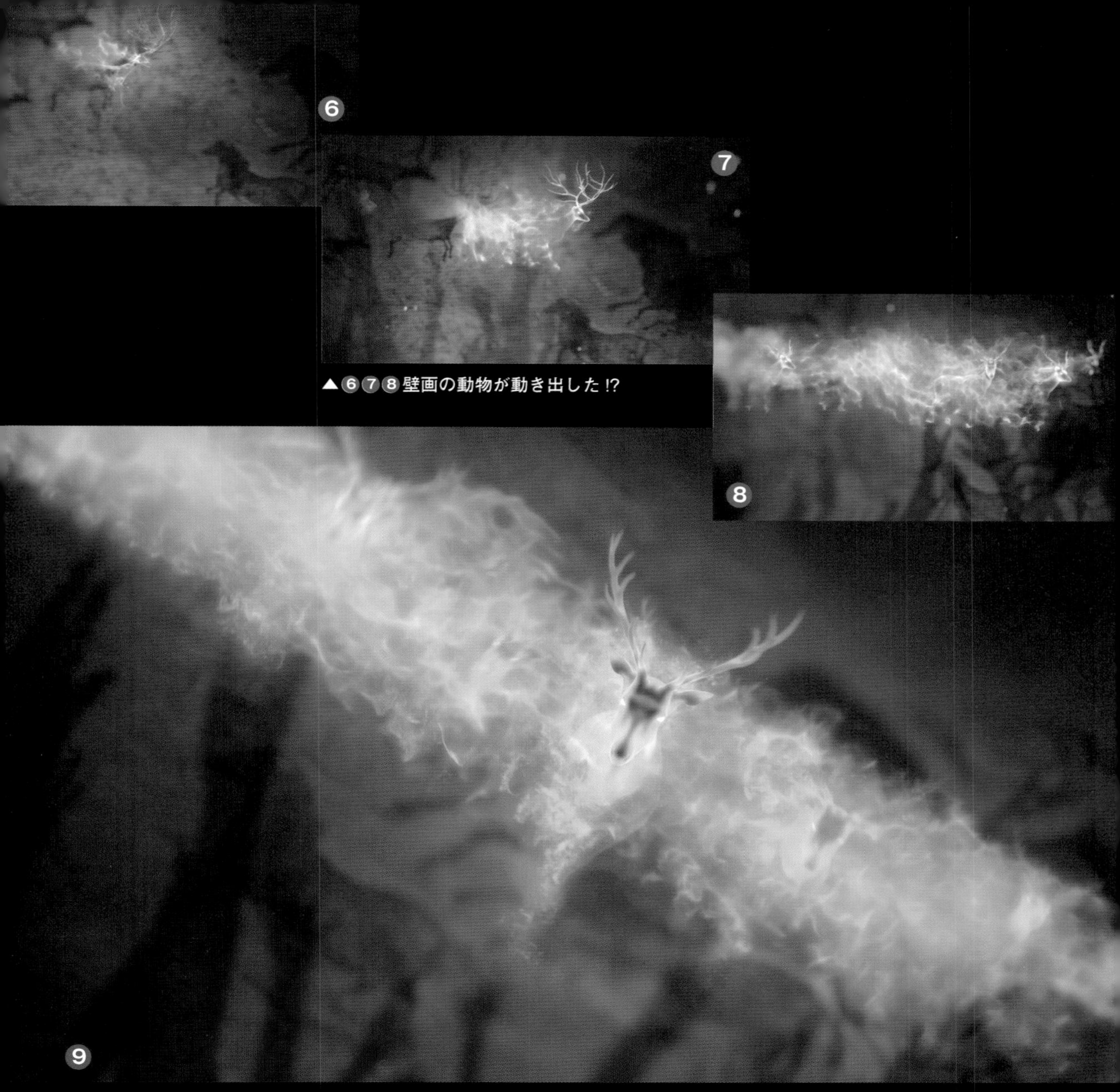

▲⑥⑦⑧壁画の動物が動き出した!?

▲⑨まるで命を吹き込まれたかのように絵に描いた動物が躍動する。神秘的な幻覚を体験しているのだ。

▲⑩⑪トランス状態になったシャーマンは意識を失う。神秘体験を共有することによって、相互の結びつきや連帯感は一層強くなった。この強固な集団力が、このあとサピエンスを救うことになるのだ。

共通の祖先を持つ最強のライバル ネアンデルタール人とは

アフリカを出たホモ・サピエンスは、彼らよりも約10万年早く新天地で誕生したネアンデルタール人に出会う。共通の祖先を持ちながらも、その見た目は大きく異なっていた。

ホモ・サピエンスと近縁種の旧人ネアンデルタール人

気候変動による絶滅の危機を乗り越えたホモ・サピエンスは、およそ8万〜5万年前にその一部がアフリカを出てユーラシアへ移り住み、やがて海を渡ってオーストラリアやアメリカ大陸へと拡散していく（P128参照）。

アフリカを旅立ったサピエンスの集団は、ほどなく未知の人類種と出会うことになる。西アジアやヨーロッパに住んでいたホモ・ネアンデルタレンシス（約30万〜4万年前）、通称ネアンデルタール人である。

ネアンデルタール人は、約50万年前にアフリカを出てユーラシアへ拡散していったホモ・ハイデルベルゲンシスの一部が進化した種だ。一方、サピエンスはアフリカに残ったハイデルベルゲンシスから進化している。つまり、サピエンスとネアンデルタール人は、ハイデルベルゲンシスを共通の祖先とする、非常に近い関係にあるのだ。ただし、ネアンデルタール人は新人ではなく旧人に分類される。共通する祖先を持っていても、サピエンスとは進化の状態が違っているのである。

2015年、イスラエル北部にあるマノット洞窟で、5万5000年前にサピエンスが暮らしていた痕跡が発見された。実はそのマノット洞窟からわずか40kmの位置にあるアムッド洞窟で、ネアンデルタール人が住んでいた跡も見つかっている。そこからは何体分かのネアンデルタール人の骨も出土している。発見された骨は約6万5000〜5万年前のものと見られている。

それまで、サピエンスとネアンデルタール人は遠く離れた場所で暮らしていたものと考えられていた。しかし、このふたつの洞窟遺跡の発見によって、両者が日常的に顔を合わせていてもおかしくないほど、とても近い距離の中で生活していたことが確認されたのである。

寒冷地に適応した身体とサピエンスに匹敵する大きな脳

高緯度で寒さの厳しいヨーロッパに適応したハイデルベルゲンシスから進化したネアンデルタール人は、その特性をさらに発達させた。胴体が太く、腕や脚は短く、背が低くてがっしりとしていた。こうした体型になったのは、厳しい寒さに耐えられるように、身体から出ている腕や脚などの末端をできるだけ短くして、体熱の放散を防ぐためだ（アレンの法則→P77参照）。いってみれば胴長短足で、スタイルは良くないが、雪をかき分けて進むような力は十分にあっただろう。また、手の指先は太く、握力も強かったと思われる。平均的なネアンデルタール人男性は、身長165cm、体重80kgと推測されている。

肌の色は白く、高緯度地域の弱い日差しでも太陽光を効率よく吸収し、体内でビタミンDを合成できるようになっていた。肌の色が薄くなったことで、肌と同様にメラニン色素が含まれている髪の毛や眼の虹彩の色も変わったはずだ。髪の色は茶色やブロンド、目の色は緑やグレーで、いわゆる紅毛碧眼だった可能性も高い。

ネアンデルタール人の顔は独特で、原始的な印象があると同時に、現代的な雰囲気も持って

●ホモ・ネアンデルタレンシス

学名の意味：ネアンデル渓谷のヒト
発掘地　：ドイツ・ネアンデル渓谷の
　　　　　フェルトホーファー洞窟
生息年代　：約 30 万～ 4 万年前
身　長　：約 150 ～ 170cm
体　重　：約 55 ～ 85kg
脳容積　：約 1500ml
(頭蓋腔容積)　(末期のネアンデルタール人)

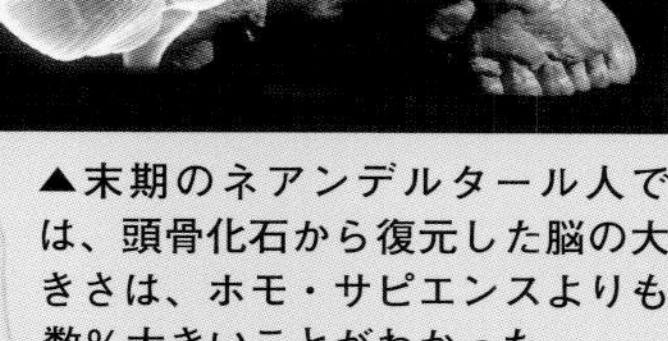

▲末期のネアンデルタール人では、頭骨化石から復元した脳の大きさは、ホモ・サピエンスよりも数%大きいことがわかった。

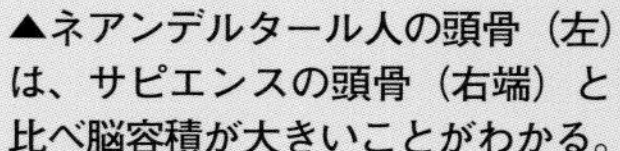

▲ネアンデルタール人の頭骨（左）は、サピエンスの頭骨（右端）と比べ脳容積が大きいことがわかる。

▶高緯度・寒冷地に適応したため肌の色は白く、ずんぐりとした体型を持つ。眉の上は盛り上がるが、鼻は付け根から高く隆起して、現代的な印象も感じられる。

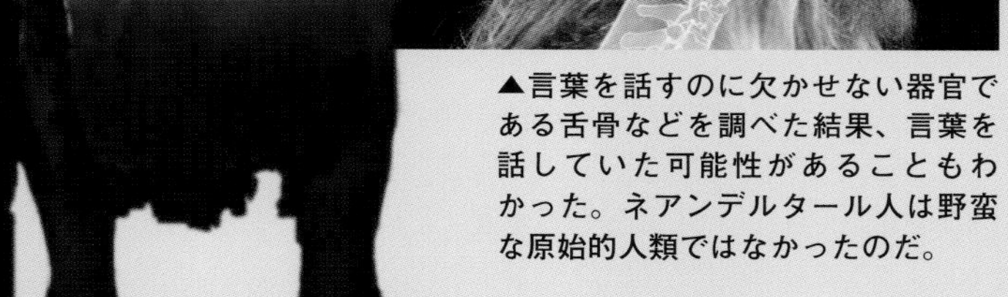

▲言葉を話すのに欠かせない器官である舌骨などを調べた結果、言葉を話していた可能性があることもわかった。ネアンデルタール人は野蛮な原始的人類ではなかったのだ。

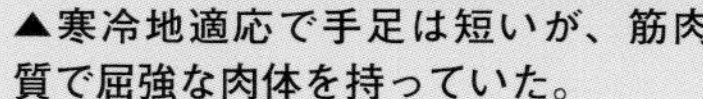

▲寒冷地適応で手足は短いが、筋肉質で屈強な肉体を持っていた。

●ネアンデルタール人の360度イメージ

いる。眉の部分の眼窩上隆起が盛り上がり、額が傾斜しているところは原始的だが、鼻が付け根から高く隆起し、頬が引っ込んで立体的な点は現代的な印象を受けるのだ。口は鼻とともに前方に位置するため、歯だけが出る反っ歯ではなく中高で、むしろ上品なイメージさえ感じさせる。彼らのこうした中高な顔は、大きな前歯を支えるため、あるいは冷たい空気を暖めるために鼻腔が拡大したことによるものと考えられている。

サピエンスと出会った頃の末期のネアンデルタール人の平均脳容積は約1500mlで、サピエンスの約1450mlをやや上回っている。ネアンデルタール人の頭骨化石を詳細に分析した結果、言葉を話すのに欠かせない舌骨などの構造から、彼らがしゃべる能力を持っていた可能性が高いことが判明している。

屈強で高い知能を持つ サピエンスのライバル的存在

長い間、ネアンデルタール人は頑丈な身体で言葉を持たず、知能も低い、野蛮な種だと考えられていた。ヨーロッパ文化圏では、ネアンデルタールという呼称は「知的ではない」という意味で使われるほど、粗野で愚鈍なイメージを持たれてきた。

しかし近年、彼らの「人間らしさ」を感じさせる行動の痕跡が数多く発見され、いわゆる「知性のない原始人」というイメージは覆されてきている。

2016年、フランス・ブリュニケル洞窟で、奇妙な石のモニュメントが発見された。それは洞窟の入口から300m以上奥に広がる空間で見つかったもので、400個もの鍾乳石のかけらが並べられた、世界最古のストーンサークルだと考えられている。

製作したのは約17万6500年前にこの地に住んでいたネアンデルタール人たちで、並べられている鍾乳石のかけらは、ほぼ均等な大きさに砕かれていた。また、ストーンサークル内からは火を使った痕跡と焦げた骨のかけらも見つかっている。

ストーンサークルが作られた目的についてはまだわかっていないが、少なくともネアンデルタール人が、洞窟の奥深くで明かりを用いながら、集団で知的な作業をする能力を持っていたことが判明したのだ。ストーンサークルの研究チームは、「ネアンデルタール人はこれまで考えられていたよりもずっと創意に富み、器用で、ある程度の複雑な社会組織を持っていた」と推測している。

アフリカを出て、新天地にやってきたサピエンスは、ネアンデルタール人という屈強な身体に高い知能を併せ持つライバルと出会い、生存競争を繰り広げることになるのである。

Column

●人類はいつ言葉を手に入れたのか

言葉を話すには、論理的な脳の発達に加えて、「楽器」としての発声器官の発達が必要だ。私たち現代人は、頭蓋底が短縮して咽頭（いんとう）が狭くなり、喉頭（こうとう）が頸の中ほどに下降している。その結果、声帯で発声された声が、咽頭から口腔にかけて区切られ、調節され、口から発せられて、有節音声言語を話すことができるのだ。

猿人の頃は、チンパンジーと同様に、わずかに喉頭が下がっていただけで、話せなかったはずだ。原人は微妙で、猿人よりは頭蓋底が少し短縮していたが、喉頭はほとんど下がらなかったと思われる。旧人になると、歯列と頸椎の間の咽頭のスペースが狭くなり、喉頭はそこに収まりきらなくなって、頸の中ほどに下がっていたと推測される。ということで、少なくとも発声器官の構造から見て、旧人の時代には言葉を話すことができたと考えられる。

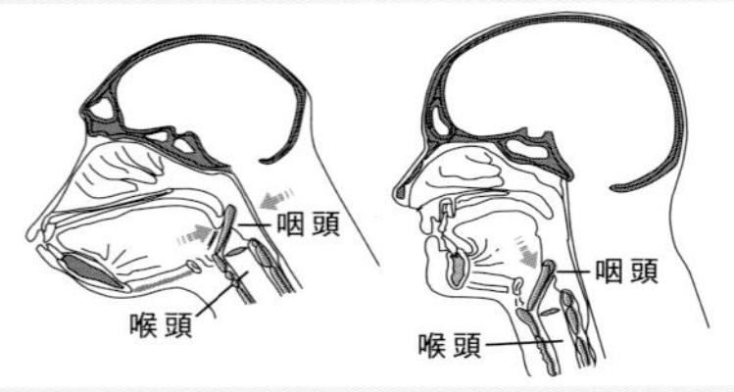

▲歯列が後退し、脊柱頸部が直立した結果、咽頭が狭くなり喉頭が下がった。

▲▼イスラエルにあるホモ・サピエンスの遺跡、マノット洞窟。そこから 40km ほどしか離れていないアムッド洞窟で、ネアンデルタール人の遺跡が発見された。これまで遠く離れて暮らしていたと考えられたサピエンスとネアンデルタール人が、実はいつ出会っても不思議ではない距離で共存していたことがわかってきた。

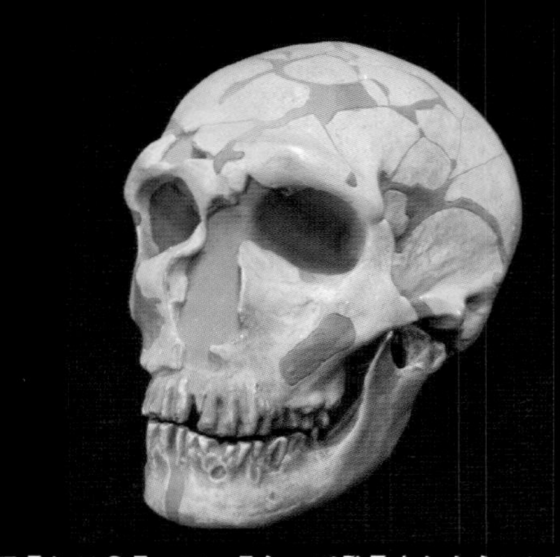

▲フランスのラ・フェラシーで発見されたネアンデルタール人の頭骨（模型）（国立科学博物館所蔵）。

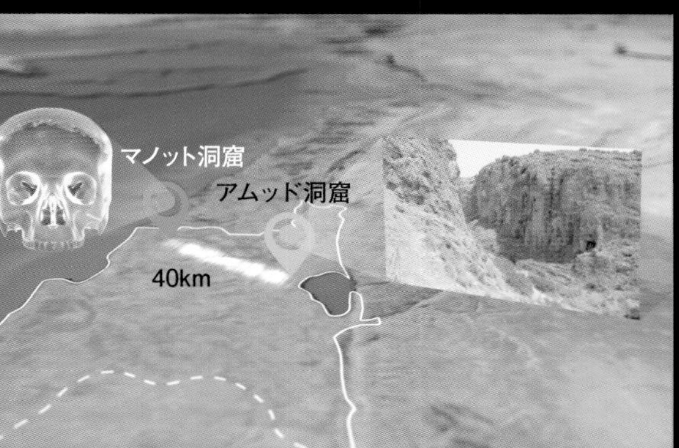

▲アムッド峡谷にあるアムッド洞窟。

▼ブリュニケル洞窟で発見された奇妙な石の構造物。400 個もの鍾乳石のかけらでできている。目的は不明だが、複数のネアンデルタール人が集まって石を並べたと考えられている（写真提供：アフロ）。

▲①②約５万 5000 年前の西アジアの森。サピエンスと先住者であるネアンデルタール人の出会いはどんなものだったろう？

▲③狩りをするサピエンスの一団。獲物を追ううちに森の奥まで入り込んでしまったようだ。

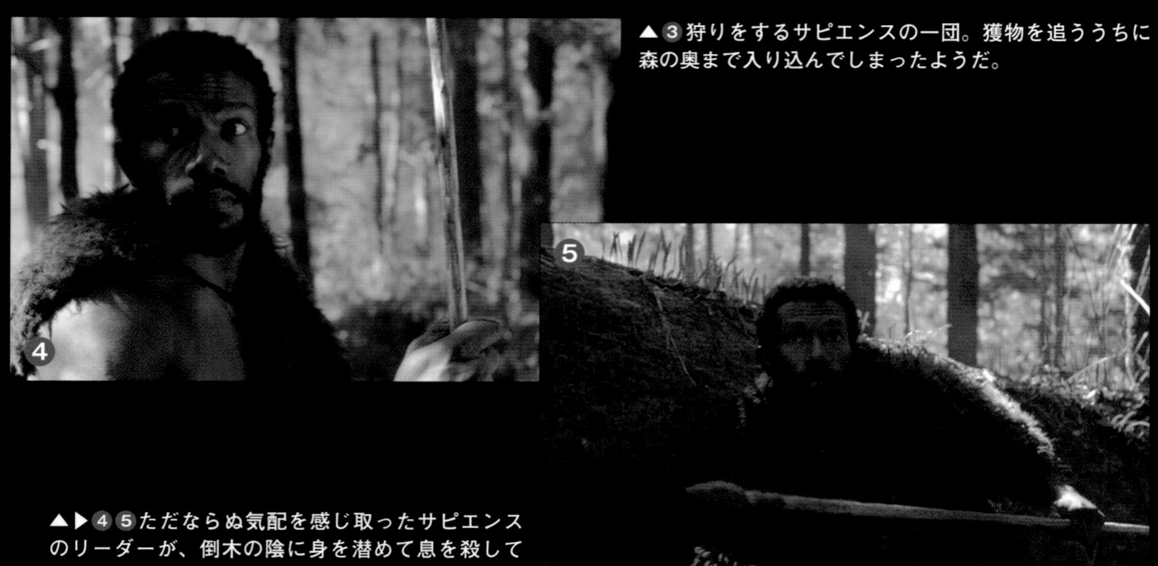

▲▶④⑤ただならぬ気配を感じ取ったサピエンスのリーダーが、倒木の陰に身を潜めて息を殺している。

▲❻何者かが驚くほどのジャンプ力で頭上を飛び越えていった！

▲❼自分たちと似てはいるが、体格も肌の色も、顔の作りもどこか少し違うようだ。あっという間に駆けていった人物は、敵なのだろうか？　それとも……？

ネアンデルタール人とホモ・サピエンスの狩猟方法

寒い環境では、植物性の食物を安定して手に入れることは難しい。そのため、ネアンデルタール人もホモ・サピエンスも日常的に狩りを行っていたが、その方法には大きな違いが見られる。

肉弾戦で大型動物に挑む勇敢なハンター

ネアンデルタール人は、氷期のヨーロッパで繁栄していた。冬の気温はマイナス30℃まで下がり、当然食物も乏しい時代だった。この厳しい環境を生き抜くために、ネアンデルタール人は独自の方法により積極的な狩りを行っていた。

ネアンデルタール人の化石を調べると、骨の多くに骨折や炎症の跡が見られる。これは、狩りの際に、獲物の反撃を受けたりしてケガを負ったことを表している。このことから、ネアンデルタール人の狩りの方法は、獲物に接近して攻撃する肉弾戦のスタイルだったと考えられる。

彼らは、木の棒の先に石器（尖頭器）をつけた石槍を武器に、ケサイ（毛に覆われたサイ）やオオツノジカ、バイソン、ウマといった大型動物を待ち伏せたり、奇襲をかけたりして、接近して戦っていた。骨に残された傷の痕跡から、狩りには男性だけでなく、女性も参加していたと見られる。戦える者は男女を問わず、集団が総出で狩りを行っていたようだ。

実は、ネアンデルタール人の祖先であるホモ・ハイデルベルゲンシスは、投げ槍を使っていた形跡がある。ドイツ北部のシェーニンゲンにある、約40万年前のハイデルベルゲンシスの遺跡からは、狩猟用の細い木槍が何本も発見された。全長が2m、太さ2㎝と細長く、尖端は石器で削って尖らせてある。おそらく、この槍をひとりが何本も持ち、獲物に向かって集団で投げて攻撃したのではないかと考えられる。

ところが、ネアンデルタール人の遺跡からは、投げ槍や弓矢のような飛び道具は発見されていない。理由はわからないが、ネアンデルタール人はハイデルベルゲンシスの投げ槍の技術を継承することはなかったようだ。

身体の華奢なサピエンスは画期的な飛び道具を発明した

一方、ホモ・サピエンスの狩りは、大型動物に勇敢に立ち向かったネアンデルタール人の狩りと様子が違っていた。ネアンデルタール人に比べると身体が華奢なサピエンスは、細石器を槍先につけた投げ槍などの飛び道具を発明し、仲間で協力して狩りをするスタイルを編み出したのである。

特に画期的な発明となったのが、「アトラトル」と呼ばれる投槍器だ。棒状の柄の部分を持ち、突起部分に槍を引っかけて投げると、加速する時間が長くなるので、槍を遠くに飛ばすことができるのだ。腕だけで投げるよりも、実に2倍以上の飛距離が出るうえ、強い破壊力も得られる画期的な道具である。また、飛び道具を利用することは、獲物に近づくことなく、遠くから攻撃ができるため、ケガを負う危険性も減らすことができた。

豆知識 Q&A

Q：大型哺乳類が消えた理由は？

A：かつてはマンモスに代表されるような大型哺乳類が世界各地に生息していた。彼らが絶滅した理由として、人類の乱獲が原因という「過剰殺戮説」と、急激な気候の変化が原因という「気候変動説」がある。また、マンモスの絶滅は伝染病による可能性があるという。

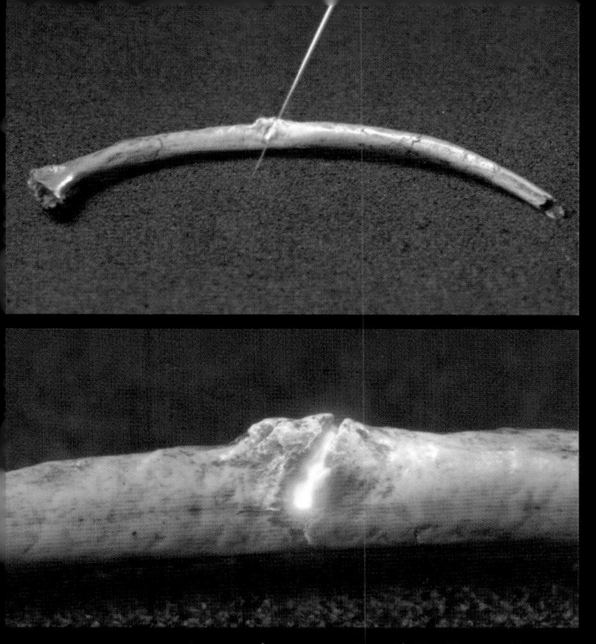

▲ネアンデルタール人の肋骨。彼らの骨には、多くの骨折や炎症の跡を見ることができる。

▲◀獲物を待ち伏せ、ギリギリまで接近して狩りを行うネアンデルタール人。骨の傷は、彼らがこうして肉弾戦のスタイルをとっていたことを物語っている。

▲ホモ・サピエンスが発明した投槍器「アトラトル」。腕だけで投げるよりも遠くまで槍を飛ばすことができた。

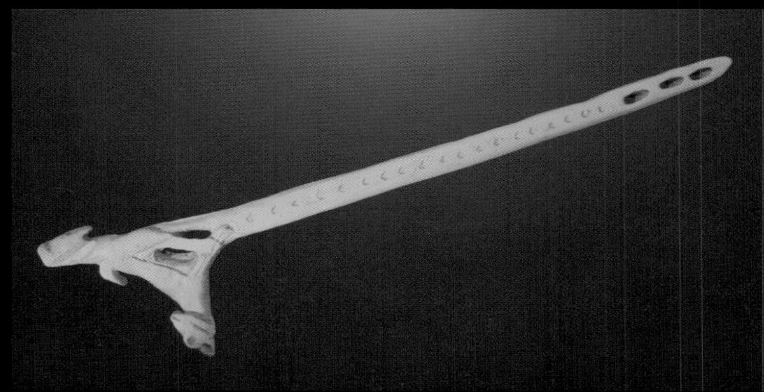

▶獲物を効率よく確保できるアトラトルは、サピエンスの狩りに革命的な効果をもたらし、その生活を根底から変えることになった。

▲①②③木の陰で獲物を待ち伏せするネアンデルタール人。そこへ、大きなケサイが通りかかる。激しい狩りの始まりだ。

▲④⑤獲物のほうも必死に抵抗し、ネアンデルタール人たちに向かって突進してくる。

▲⑥ようやく獲物を仕留めたが、ネアンデルタール人のほうもかなりケガを負ったようだ。彼らの狩りは、常に命がけなのである。

▲⑦⑧平原を走りながら、獲物を追うサピエンス。彼らの狩りは、ネアンデルタール人のように肉弾戦ではない。

◀⑨狙いを定めて投げ槍を構える。

▲⑩⑪サピエンスの狩りは武器を使った戦略的なもので、仲間と連携しながら、投げ槍などの武器を効率的に活用していた。

▲⑫仕留めた獲物に近づくサピエンス。獲物から離れて狩りをするため、ケガなどを負う危険も少ないのだ。

◆Interview◆　世界の研究者が語る人類学の最前線〈9〉

●イスラエルの洞窟が物語るふたつの人類の共存

イスラエル／テルアビブ大学　イスラエル・ハーシュコヴィッツ教授（人類学）

●祖先とネアンデルタール人との遭遇

イスラエルのマノット洞窟で発見されたホモ・サピエンスの骨は、約５万5000年前のものでした。アフリカを出た彼らがこの地域に到達したとき、そこにはすでにネアンデルタール人が暮らしていました。たとえばアムッド洞窟では、同時代のネアンデルタール人の骨が見つかっています。サピエンスとネアンデルタール人は、時間と場所を共有していたのです。

マノット洞窟とアムッド洞窟はとても近い距離にあります。おそらく彼らは狩りに行く途中などで出会っていたのではないでしょうか。そして、互いにペアを作った。交雑したわけです。

双方の遺跡からは非常によく似た石器が発見されています。もともとサピエンスとネアンデルタール人は共通の祖先から分かれました。彼らは遺伝子だけでなく、知識も共有していたのです。アフリカとヨーロッパという別々の土地で進化した両者が、何十万年の時を経て、この地で再会したというわけです。

●友好的な共存関係の可能性

私が思うに、サピエンスが世界に拡散し始めた頃、ネアンデルタール人はすでに絶滅の危機にありました。サピエンスがこの地に到達したときには、ネアンデルタール人の数はほんの一握りだったことでしょう。

両者の間に敵意はなかったと思います。それぞれの骨に暴力的な痕跡はありません。もし敵意があったなら、ネアンデルタール人はサピエンスと出会ってから間もなく姿を消したでしょう。おそらく彼らは、少なくとも１万年もの間、友好的に共存していたと考えられます。

▲マノット洞窟で発掘されたサピエンスの頭骨（模型）。

◆*Interview*◆ 世界の研究者が語る人類学の最前線〈10〉

●寒冷地仕様になったネアンデルタール人の狩りと生活

アメリカ／デューク大学　スティーブン・チャーチル教授（人類学）

●高緯度に適応した生活スタイル

ネアンデルタール人が寒冷なヨーロッパで長期間生きていけたのは、その気候に適応する技術を身につけていたからです。彼らは火を使い、動物の皮を衣服として用いたり、岩陰や洞窟を住居にしていました。皮を使ってテントのような構造物も作っていたことでしょう。

高緯度地域での生活には、狩りの技術も重要でした。赤道から離れるほど植物性の食物が不足し、動物の肉に依存するようになるからです。ネアンデルタール人の狩りは、獲物に接近し、鋭利な木製の槍で仕留めるという方法でした。彼らは背が低く、がっしりとした筋肉質の身体と強い力を持っていました。もしネアンデルタール人とホモ・サピエンスが素手で戦ったら、ネアンデルタール人が勝ったと思います。

●人口の少なさが絶滅の原因？

ネアンデルタール人が絶滅した理由のひとつに、彼らの人口の少なさを指摘する説があります。人口を維持するためには、高い出生率が必要です。彼らはがっしりとした身体と大きな脳を持ち、それを維持するためにはたくさんのエネルギー摂取が欠かせません。しかし、資源が少ない環境では獲物を求めて動き回ることになり、そこでもエネルギーを消費してしまいます。

そのように、自分たちの身体を維持するだけで精一杯な状態では、子供を産み育てることに費やすエネルギーを十分に確保できなかったのではないかと考えられます。さらに、接近戦の狩りによる死亡率の高さも、人口減少に影響をおよぼしていたのではないでしょうか。

▲傷を負ったことを示すネアンデルタール人の肋骨。

ネアンデルタール人の知的で文化的な暮らし

近年の遺跡の発見や研究によって、ネアンデルタール人に対するこれまでの「野蛮で知性を持たない」というイメージは大きく変わってきた。彼らのそうした文化的な側面を見ていこう。

ネアンデルタール人が編み出した新しい石器の技法

ホモ・ハビリスから始まった人類の石器作りは、単純な打製石器の「オルドヴァイ型石器」から、石の両面を加工したハンドアックス（握斧）の「アシュール型石器」に進歩したところで、その後しばらくはこのハンドアックスが主流のスタイルであった。やがて登場したネアンデルタール人は、長らく大きな変化のなかった石器作りに新しい技法をもたらす。

ネアンデルタール人が編み出した技法は、原石となる石を打ち欠いて慎重に調整し、そこから目的とする剝片を剝ぎ取って、石器を製作するというもので、これを「ルヴァロワ技法」と呼ぶ。この技法では、三角形の槍先や多角形の加工具などを作ることができた。

ルヴァロワ技法は、もともとはハンドアックスを作るために用いられたようだが、次第に中期旧石器時代の中心的な技法となっていった。それまでのハンドアックスは手に持って使うことを意図したデザインだったが、ネアンデルタール人の石器では、石器を木の柄などほかのものに装着して使用できるようになっている。このルヴァロワ技法で作られた石器は、最初に発見された洞窟の名前にちなんで、「ムスティエ型石器（ムスティエ文化）」と呼ばれている。

ネアンデルタール人の道具をホモ・サピエンスが真似た

ネアンデルタール人は、石器を武器として使用する以外に、肉を切る、木や動物の骨を削るなど、目的に応じた石器を作り、使い分けていたようだ。

ただ、ホモ・サピエンスが鋭利なナイフや骨に石器を埋め込んだ槍先など、時代とともに複雑な武器を作り出していったのに対して、ネアンデルタール人のほうは、石器の加工技術自体はあまり向上せず、25万年もの間、石器に大きな変化は見られなかった。サピエンスのように、繊細なナイフや複雑な加工品を生み出すことはなかったのだ。

ネアンデルタール人が生み出した数少ない道具の中に、「リソワール」がある。これはバイソンなどの動物の骨を使って作られたもので、動物の皮をなめし、しなやかさや光沢、耐水性などを持たせるための道具だ。動物の骨を使ったのは、石器にはない骨の柔軟性を利用するためだと考えられている。

実は、このリソワールの技術をサピエンスが真似た可能性があるのだ。現代の皮革工房では、皮なめしの道具としてリソワールを使っているところがある。その形状は、ネアンデルタール人の遺跡から見つかったリソワールとよく似ている。

フランス南西部にある2カ所の洞窟から発見された最古のリソワールは約5万年前のもので、年代としてはサピエンスが同地に入ってくる以前のもの、つまりネアンデルタール人が作ったものと判明している。

もしかしたらサピエンスは、ネアンデルタール人がリソワールを使っているところをどこかで見て、その技術を取り入れたのだろうか。サピエンスは他者から学ぶ柔軟性を持っていたと

▲ネアンデルタール人の骨格と生体復元モデル（国立科学博物館所蔵／写真提供：馬場悠男）。

▼フランスの遺跡で、発見されたリソワールを持つマリー・ソレーシ教授。

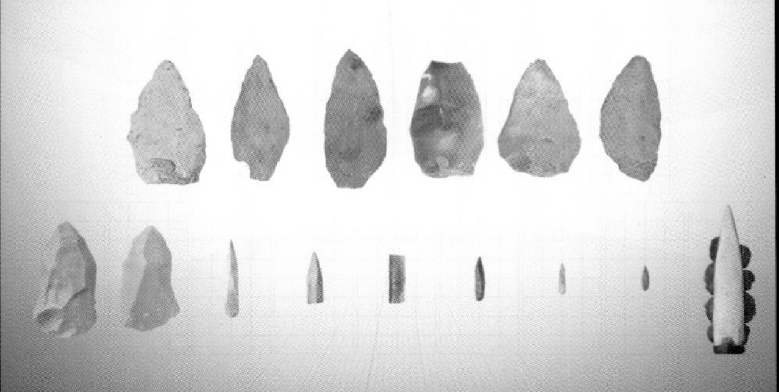

▲ネアンデルタール人の石器の変遷（上段）。左から右に向かって進化している。複雑に進化するサピエンスの石器（下段）と比べると大きな変化は見られない。
（提供：門脇誠二／ Dr. Marie Soressi, Leiden University ／ Dr. Armando Falcucci, Dr. Veerle Rots, University of Tübingen ／ Kerns Verlag / Kerns Publishing ）。

①シカの角を使って、小石の表面を矢印の方向から小さく打ち欠く。

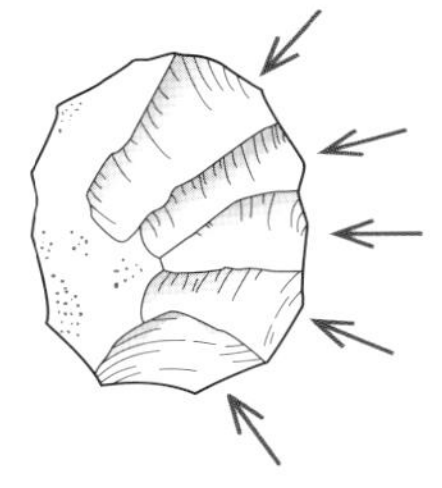

②全体に均等に打ち欠き、③で打ち欠く部分をこすって平らにする。

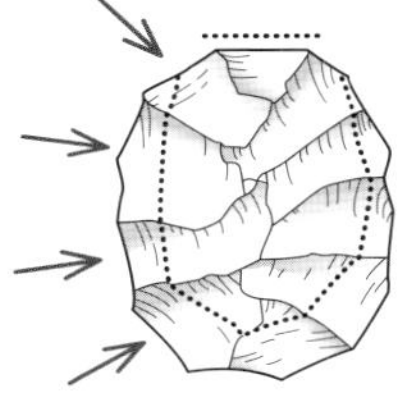

③最後に大きく打ち欠いて剥ぎ取ったものを使用。裏面はなめらか。

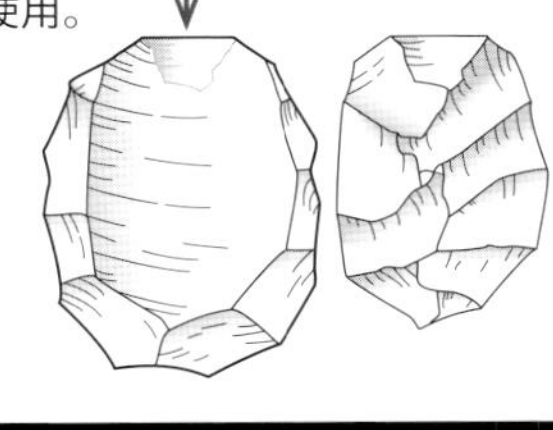

▲ルヴァロワ技法による石器作り。

▼（左）フランスの洞窟から出土したリソワール。（右）リソワールは動物の毛皮をなめすのに使った道具と考えられ、現代でも使われている。

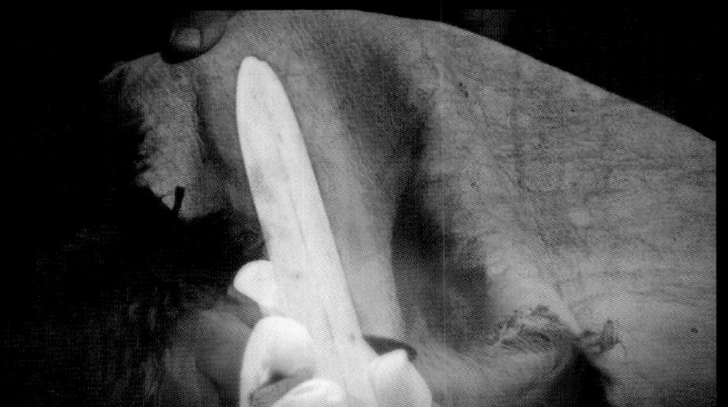

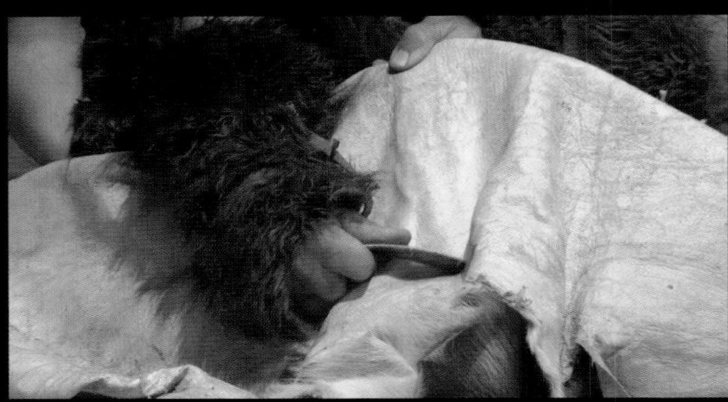

いうことだ。

一方、ネアンデルタール人の遺跡からは、サピエンスの道具である「アトラトル」（P104参照）などは発見されていないため、外からの技術を取り入れるようなことはなかったと考えられている。

「人間らしさ」を感じさせるネアンデルタール人の行動

ネアンデルタール人の遺跡からは、石器や道具だけでなく、彼らが想像力や芸術性を持っていたことを示す遺物も数多く発見されている。

スペイン南東部にある洞窟クエバ・デ・ロス・アビオネスからは、孔（あな）を開けた貝殻ビーズが見つかっている。少なくとも11万5000年以上前のもので、これまでに発見された中で最古の装飾品とされている。貝殻には顔料が付着していることから、おそらく彼らは顔料やアクセサリーで身体装飾を施していたのだろう。

また、ネアンデルタール人の複数の遺跡からは、酸化マンガンを含む黒い岩石が出てきており、この岩石から粉末を作り出し、顔料として身体装飾に使っていたと思われる。しかも、彼らはこの酸化マンガンを、顔料としてだけでなく、火をつけるときに利用していた可能性も考えられるという。

ほかにもネアンデルタール人の想像力や知性が垣間見える一例として、フランス・ブリュニケル洞窟のストーンサークル（P100参照）も挙げることができる。

加えて、ネアンデルタール人の芸術性は洞窟壁画にも表れている。スペインの3カ所の洞窟から、手形や幾何学模様、赤い丸などの壁画が発見されているのだ。洞窟壁画はサピエンスの専売特許のように思えるが、実はネアンデルタール人も洞窟壁画を残しているのである。

壁画が描かれたのは、少なくとも6万5000年以上前とされ、これもサピエンスが同地に現れる以前のもので、ネアンデルタール人の作品に間違いはない。人類最古の“アーティスト”は、サピエンスではなくネアンデルタール人だったのである。

さらに、ネアンデルタール人が思いやりの心を持っていたことを示す発見もされている。1950年代後半から1960年代にかけて、イラク北部のシャニダール洞窟から、9体のネアンデルタール人の化石が見つかった。そのうちの1体は、左目を失明し、身体の一部に大けがか麻痺があったと推測される男性のものだった。この男性は少なくとも数カ月は生きていたと見られ、仲間の介護を受けていたと思われるのだ。

そして、ネアンデルタール人は埋葬の習慣も持っていた。埋葬用の穴を掘り、遺体を真っ直ぐ寝かせたり（伸展葬）、脚を強く折り曲げたり（屈葬）して葬っていた。動物の骨などで作った副葬品が供えられていた化石も複数見つかっている。そして、シャニダール洞窟では人骨とともに複数種の花粉が見つかっていることから、否定的な意見もあるものの、遺体に花を手向けた痕跡と考えられている。

こうした数々の発見から、ネアンデルタール人はサピエンスと比べても遜色がないほど、高い知性、想像力、芸術性を有し、「人間らしさ」を持つ存在だったことが証明されたのである。

Column

●イメージが大きく変わったネアンデルタール人

ネアンデルタール人ほど、そのイメージが二転三転した人類はいないだろう。1868年にフランスでクロマニョン人の化石が見つかったことで、ネアンデルタール人は祖先ではないと認識され、凶暴な原始人の代表と見なされるようになった。

しかし、その後、さまざまな人類種の発見によって、アウストラロピテクス（猿人）→ピテカントロプス（原人）→ネアンデルタール人（旧人）→サピエンス（新人）という人類進化の道筋が認識され、彼らに対する見方が変わってきた。さらに近年、彼らの文化的能力が確認されたことで、ようやく正当な評価を得ることができたのである。

▲化石が出た場所から推測されているネアンデルタール人の居住範囲。

◀フランス、ラ・シャペローサン遺跡にあるネアンデルタール人の埋葬墓（復元）（写真提供：アフロ）。

なぜネアンデルタール人は地球上から姿を消したのか

ホモ・サピエンスに劣らないほど、知的で文化的な生活を送っていたネアンデルタール人。しかし、やがて彼らは絶滅し、地球上の人類はサピエンスだけとなる。いったい何が両者の運命を分けたのだろうか。

地球規模の気候変動がもたらした急激な環境変化

およそ30万年前からヨーロッパに住み、10万年ほど前には中央アジアまでの広い範囲で暮らしていたネアンデルタール人は、約4万年前に絶滅したと考えられている。その時期が、アフリカを出たホモ・サピエンスがヨーロッパに到達した時期と重なることから、これまでは、ネアンデルタール人の絶滅理由は、サピエンスとの食物をめぐる戦いに負けたためだと思われていた。

しかし、最新の研究で、サピエンスがアフリカを出た約8万～5万年前の時期に、ネアンデルタール人の総人口がすでに相当数減少していたことがわかった。サピエンスと出会う前から、ネアンデルタール人は徐々にその数を減らしていたのである。

近年では、ネアンデルタール人の絶滅には、ヨーロッパを襲った地球規模の気候変動による環境の変化が大きく影響したという説が主流になっている。当時は最終氷期にあたり、地球規模の寒冷化が進んでいたが、その中で「ハインリッヒ・イベント」と呼ばれる現象が起こった。これは北アメリカ大陸を覆っていたローレンタイド氷床が海へ流出する現象で、過去にも数回発生している。巨大な氷の塊が海へ崩落した影響で海流が変わり、ヨーロッパの気温は急激に乱高下を始めたのだ。

寒冷な気候に適応していたネアンデルタール人だったが、極端な寒さと暑さが10年単位で入れ替わる急激な変化には対応できなかった。乱高下する気温の影響で森は消え、動物も激減。狩りの獲物が減り、ネアンデルタール人の暮らしは深刻な食物不足に陥っていったと考えられる。また、ネアンデルタール人は寒さが厳しくなると南へ移動し、元に戻ると北へ帰るというように、気候の変動に合わせて移動を繰り返していたようで、それも人口が徐々に減っていった要因のひとつと推測されている。

しかし、気候変動による環境変化の影響は、ネアンデルタール人だけでなく、同じ時代を生きていたサピエンスにもおよんでいたはずだ。しかし、ネアンデルタール人が絶滅に向かう一方で、サピエンスは生き残ることができた。両者の違いはなんだったのだろうか。

ネアンデルタール人とサピエンスの運命を分けたのは集団の規模

ネアンデルタール人とサピエンスの運命を分けるカギとなったのは、集団の規模と交流だった。

フランス西部にあるカスタネ遺跡には、かつて崖の下に500㎡の広大な空間が広がっており、出土した石器や人骨の数から、多いときには150人ほどのサピエンスが生活していたと思われる。また、ロシア・ウラジミールにある約3万5000年前のスンギール遺跡では、400人に上る大集団が住んでいたことがわかっている。もはや社会と呼べる規模だ。

このように、サピエンスは数百人規模の集団を作り、助け合い、協力し合って生活していた。また、集団の暮らしは、石器などの技術の伝達や道具の革新にもつながったと考えられる。

サピエンスがこうした大きな集団を作れた理

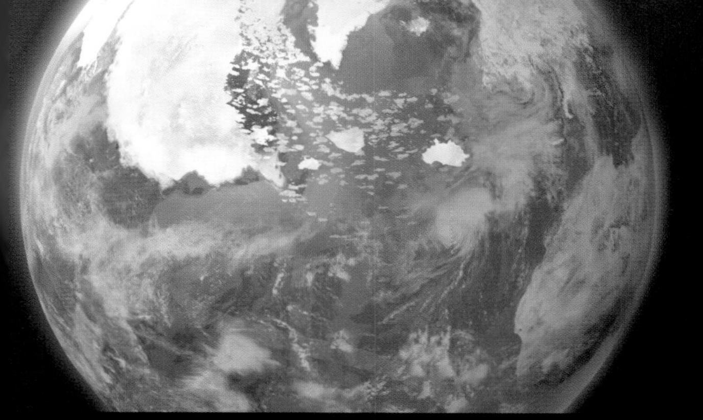

▲「ハインリッヒ・イベント」の影響によって地球規模の気候変動が起こり、ヨーロッパの気温が乱高下を始めた。

▲少ない食物を分け合うなど、サピエンスは「集団の力」で環境の変化を乗り切り、勢力を拡げた。

▲一方、ネアンデルタール人は大きな身体を維持する十分な食物を得られなくなり、徐々にその数を減らしていった。

▲イベリア半島の南端、ジブラルタルの洞窟に、ネアンデルタール人終焉の地とされるゴーラム遺跡が残る。

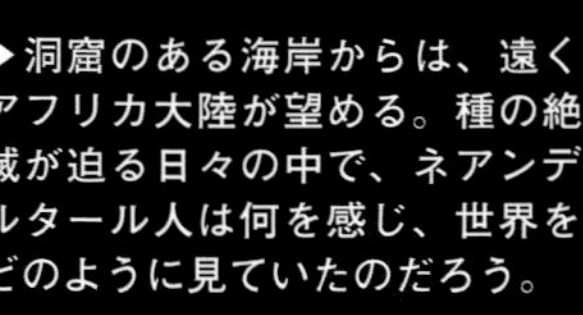

▶洞窟のある海岸からは、遠くアフリカ大陸が望める。種の絶滅が迫る日々の中で、ネアンデルタール人は何を感じ、世界をどのように見ていたのだろう。

由に、宗教の存在が挙げられる。彼らの洞窟壁画（P94参照）などにも見られるように、この頃にはサピエンスの中で共通の価値観としての原始的な宗教が生まれていた。それが人々を結びつけ、巨大な社会を生み出す原動力になったと考えられているのだ。

宗教は何百kmも離れたサピエンスたちを結びつけ、やがて数千人規模の社会が誕生する。ある集団が食物不足で困っていれば、遠く離れた別の集団が援助する。そうやって、宗教で結ばれた仲間同士で助け合うことで、サピエンスは危機を乗り切ることができたのである。

対して、ネアンデルタール人はといえば、彼らは大きな集団を作ることはなかったようだ。スペイン北部にあるエル・シドロン洞窟は長い間ネアンデルタール人が暮らしていた遺跡だが、出土した骨から、ここに住んでいたのは13人。ネアンデルタール人の集団は、多くても20人程度だったと考えられている。さらに、DNA解析によって、全員が血縁関係だったことが判明した。つまり、ネアンデルタール人の集団は、家族単位の小さなものだったのである。

サピエンスの場合とは逆に、集団の規模が小さいネアンデルタール人の間では、道具や技術の改良はあまり広まらず、また食物が不足しても、仲間の助けを受けることができずに孤立していたと考えられる。少人数で暮らしていたネアンデルタール人は、わずかに残った森で、数少ない獲物に頼るしかなかったのだ。

また、ネアンデルタール人の狩りの方法も、彼らが絶滅に向かう理由のひとつになった可能性がある。獲物に近づいて戦う肉弾戦の狩りは、常に死と隣り合わせだった（P104参照）。狩りで命を落とす者も多く、ほとんどが30代で亡くなったと推測されている。

さらに、がっしりとした体つきで、筋肉量の多いネアンデルタール人の身体は消費エネルギーも多く、華奢なサピエンスに比べて、より多くのエネルギーを摂取する必要があった。しかし、獲物が減り、食物が乏しくなると、十分なエネルギーをとることは難しい。寒冷地に適応するために身体を大きく頑丈にしたことが、結果として自分たちの命を縮めることになってしまったと考える研究者もいる。

ネアンデルタール人とサピエンスの運命を分けたのは、肉体の頑健さや知能の優劣ではなく、集団の規模と身体の大きさという、わずかな違いだったのかもしれない。

ネアンデルタール人が終焉の地で残したもの

こうして気候変動をたくましく生き延びたサピエンスが、ヨーロッパでの勢力を拡大する中で、ネアンデルタール人の生息域は徐々に狭まっていった。ヨーロッパ・イベリア半島の南端に位置するイギリス領ジブラルタル。その海岸沿いの岸壁にあるゴーラム洞窟は、追い詰められたネアンデルタール人が最後に暮らした終焉の地のひとつだと考えられている。

ゴーラム洞窟からは、岩棚に刻まれた謎の線が発見されている。「ハッシュタグ」と名づけられたこのシャープ記号に似た抽象的な線は、星座や地図など何かの意図を持って刻まれたと考えられているが、その意味はわかっていない。

サピエンスが大きな社会を築き始めていた頃、ここで最後の時を迎えようとしていたネアンデルタール人は、終わりに向かう日々に何を感じ、世界をどう見ていたのだろうか。

私たちサピエンスに最も近い人類ネアンデルタール人は、自らが存在した痕跡を石に刻み、やがて歴史から姿を消した。

豆知識Q&A

Q：氷河時代はいつまでだった？

A：氷河時代とは、大陸の広範囲が氷河（氷床）に覆われている時代を指す。現在も南極や高山などには氷河が存在している。つまり現在も氷河時代なのだ。氷河時代には、非常に寒冷な「氷期」と、比較的温暖な「間氷期」が何回も繰り返され、現在は間氷期にあたる。最も新しい氷期（最終氷期）は約1万年前に終わったとされている。日本では縄文時代の草創期にあたる時期だ。

▲2014 年、ゴーラム洞窟で絶滅の淵に追い詰められたネアンデルタール人が残した不思議な遺物が発見された。

▲繰り返し石を削って作られた「ハッシュタグ」（#）と呼ばれる謎の線。

▲星座か、あるいは地図なのか。ハッシュタグの不思議な幾何学模様が何を意味しているのかはまだ明らかになっていない。

▶もしかしたら、滅びゆくネアンデルタール人が、自分たちの生きた痕跡を残そうとしたのかもしれない。

◆Interview◆ 世界の研究者が語る人類学の最前線〈11〉

●現代でも使われているネアンデルタール人の技術

オランダ／ライデン大学　マリー・ソレーシ教授（考古学）

●先人の技術を学んだサピエンス

私たちはフランス南西部の遺跡群で、「リソワール」と呼ばれる骨製の道具を発見しました。それは皮革作業に使われるもので、ネアンデルタール人の遺跡から見つかっています。

初期のホモ・サピエンスがヨーロッパに到着したときにはそうした道具を使っていなかったのが、彼らがフランス南西部に到達したときには使うようになっていました。

リソワールは、私たちサピエンスが先住していたネアンデルタール人から技術を学んだ最初の証拠なのです。

今でも革職人は骨製のリソワールを使用しています。5万年も前にネアンデルタール人が発明した道具を、現代の私たちが使っているわけです。骨は丈夫で壊れにくく、反発力があるので、皮をなめすのに最適な素材です。プラスチックでは代用できません。ネアンデルタール人は偉大な発明をしたのです。なぜなら、私たちはいまだに骨より優れた素材を見つけられないのですから。

●ネアンデルタール人への誤解を解く

かつてネアンデルタール人は、私たちよりも知能の面で劣っているという印象を持たれていました。私たちが生き残ったのは、賢く優秀だったためだと思われていたのです。しかし、それは間違いでした。リソワールが、彼らに必要なものを見つけ出す知能があることを示しています。今では、ネアンデルタール人には私たちと同等の認知能力があったと考えられています。

両者にはそれほど違いがないことを理解した今、私たちが世界中に広がることができた理由について、より深く研究する必要があります。

▲ソレーシ教授が発掘を行うイアン遺跡。

◆Interview◆ 世界の研究者が語る人類学の最前線〈12〉

●ネアンデルタール人が姿を消した終焉の地

イギリス領ジブラルタル／ジブラルタル博物館　クライブ・フィンレイソン教授（進化生物学）

●ネアンデルタール人の最後の住居

ネアンデルタール人は、約４万年前には絶滅寸前の状態にありました。ゴーラム洞窟の年代測定結果から、おそらくこの地域に住んでいたネアンデルタール人は、地球上で最後の生き残りだったのではないかと思われます。このあたりは海流の関係で地理的にも温暖で、氷期でも比較的暖かく、動植物にも恵まれていました。海からも離れていないし、住居として使える洞窟もあって、ネアンデルタール人が生活するのに適した場所だったのでしょう。

●意図的に刻まれたハッシュタグ

洞窟内の岩に刻まれた「ハッシュタグ」を見つけたとき、私たち自身も当時と同じ道具を使って、岩を彫り込んでみました。岩はとても硬く、非常に困難な作業でした。ですから、これはいたずら書きではなく、意図的に刻まれたものであることは明らかです。芸術というほどではありませんが、なんらかの象徴や意味を持つ、非常に人間的なものだと思います。

彼らは自分たちが絶滅に向かっているとはわからなかったと思います。気づかないうちに次第に人口が減り、周辺の集団との交流も途絶えて、最終的に孤立したのでしょう。

最後のひとりになったネアンデルタール人は何を思っていたのでしょう。隣人たちがいなくなり、寂しさや孤独を感じていたのでしょうか。確かなのは、絶滅の理由はホモ・サピエンスがやってきたせいではないということです。どこに、どんな状況で生きていたかという、偶然や運なのだと思います。

▲ハッシュタグは意図的に刻まれたものだという。

現代人に受け継がれた ネアンデルタール人の遺伝子

DNA の解析によって、ネアンデルタール人とホモ・サピエンスは違う種だということが明らかになった。しかし、過去に両者は出会って間もなく交雑し、その遺伝子が今も私たちに受け継がれているという。

ネアンデルタール人が現代人の祖先ではない確かな証拠

かつて有力視されていたホモ・サピエンスの多地域進化説によると、ネアンデルタール人はヨーロッパ人の先祖だと考えられていた（P88 参照）。しかし、1980 年代になって、化石の研究からネアンデルタール人とサピエンスは形態的に区別できることがわかり、さらに現代人の DNA 研究から、サピエンスは約 20 万年前にアフリカで誕生したことが判明したため、ネアンデルタール人とサピエンスは別の種であるという考え方が主流となった。

その考えを決定的にしたのは、ドイツ・ライプチヒにあるマックス・プランク進化人類学研究所のスヴァンテ・ペーボ教授が中心となって進めた研究の結果だった。同研究所は、太古の人類の DNA を解析する世界最高峰の技術を持っている。

ペーボ教授らは 1997 年、ネアンデルタール人の化石からミトコンドリア DNA を抽出し、その塩基配列を解析した。ミトコンドリアはエネルギーを作り出している細胞小器官で、それ自体が独自の DNA を持っているのだ。解析の結果、ネアンデルタール人と現代人の塩基配列は、現代人の変位幅を超えて異なっており、別々の人類種であることがわかった。

そして、ネアンデルタール人は約 50 万年前に現代人と共通の祖先とアフリカで分かれてから、両者の間に交雑がなかったか、あったとしてもごくわずかだったという答えが導き出された。ミトコンドリア内にある DNA は、母親からのみ受け継がれる性質があるが、交雑がわずかだと、女性の子孫が生まれない可能性も高く、母系遺伝するミトコンドリア DNA の系統が残らないからだ。これらの分析結果から、ネアンデルタール人は現代人の祖先ではなかったことが決定的になったのである。

現代人に残されたネアンデルタール人の遺伝子

ところが、2010 年に同研究所から驚きのニュースがもたらされた。サハラ以南のアフリカにルーツを持つ人々を除いた現代人は、ネアンデルタール人の DNA をおよそ 2%受け継いでいるというのである。

ペーボ教授らは、クロアチアのヴィンディヤ洞窟で見つかったネアンデルタール人の骨 3 個体から、14 年の歳月をかけて細胞核の DNA を復元することに成功した。そして、復元した DNA に基づく全ゲノムを、世界各地に住む現代人と比較した結果、現代人のゲノムの中に、ネアンデルタール人由来のゲノムの一部があることを確認したのだ。ゲノムとは、ある生物個体が持っているすべての遺伝情報の 1 組のことだ。

ペーボ教授は次のような仮説を立てている。サピエンスは非常に小さな集団でアフリカを旅立ち、その直後に西アジアでネアンデルタール人と出会い、交雑した。それはおそらく、約 7 万～ 5 万年前くらいの時期の出来事だったと考えられる。交雑が起こっていたという事実は、サピエンスとネアンデルタール人が互いに関わりを持つほど近しい存在だったということも意

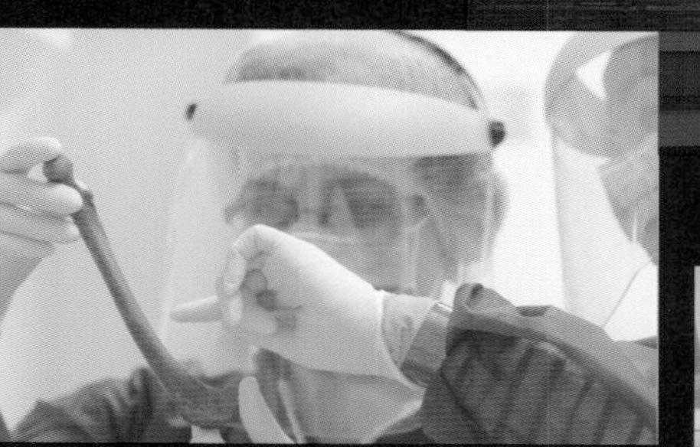

▲ドイツ・ライプチヒにあるマックス・プランク進化人類学研究所。

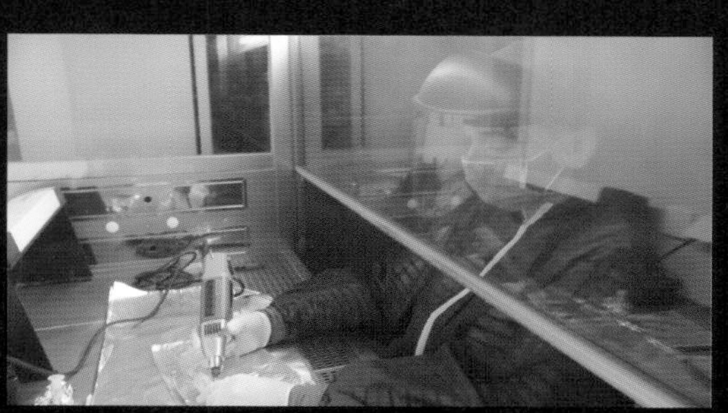

▲▶同研究所は太古の人類のDNAを解析する、世界最高峰の技術を誇る。

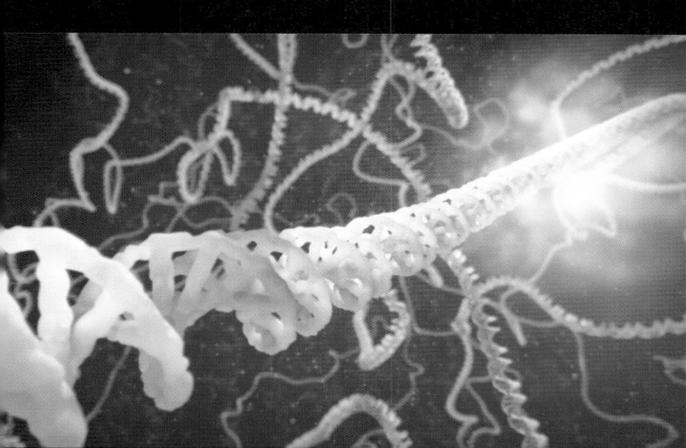

▲14年の歳月をかけて、ネアンデルタール人の骨からDNAを復元することに成功した。

▲▶アフリカのサハラ以南に住む人々以外のほとんどの人類のDNAには、約2%のネアンデルタール人の遺伝子が受け継がれていることがわかったのだ。（上の写真はDNA解析のイメージ）

味している。そして、両者の遺伝子を持つ子供が生まれ、それが世界中に広がっていった。

サハラ以南にルーツを持つ人々に、ネアンデルタール人特有のゲノムがほとんど確認されなかったのは、アフリカに残り、ネアンデルタール人と出会うことがなかったサピエンスの子孫だからではないかと考えられる。

つまり、アフリカを出たサピエンスはネアンデルタール人と交わり、その後サハラ以南のアフリカ人以外のすべての人々の祖先となったのだ。そして、そのネアンデルタール人との間に生まれた子供たちが、現代を生きている私たちにつながっているのである。

ネアンデルタール人の遺伝子が私たちにもたらしたものとは

さらに、ネアンデルタール人から受け継いだ遺伝子は、今も私たちが生きるために大きな役割を果たしていることが判明しつつある。

まだすべての遺伝情報について解明できたわけではないが、わかっているところでは、たとえばアフリカにはなかったユーラシア特有の病気に対する免疫遺伝子、日射量の少ない地域に適応した白い肌の遺伝子などが挙げられる。ネアンデルタール人から受け取った数々の遺伝子は、彼らと交わったあとで世界各地に拡散していくサピエンスの繁栄を助けてくれたのだ。

ネアンデルタール人は高緯度のヨーロッパに適応し、20万年以上もの間、たくましく生きてきたが、サピエンスとの生存競争に破れ、やがて姿を消した。しかし、種としては絶滅したものの、サピエンスと交雑することにより、遺伝子という形でその存在の証を残していった。ネアンデルタール人は、今も私たちの中で生き続けているといえだろう。

▲ノーベル賞級ともいわれる発見をしたスヴァンテ・ペーボ教授の研究チーム。

◀サピエンスはとても小さな集団でアフリカを旅立ち、その直後にネアンデルタール人と出会い交配した。そして両方の遺伝子を持った子供が生まれ、世界中に拡がっていったと考えられている。

Column
●"第三の人類" デニソワ人

2008年、ロシア・アルタイ地方にあるデニソワ洞窟から、小さな骨の化石が発見された。骨のミトコンドリアDNAを解析したところ、ネアンデルタール人でも、ホモ・サピエンスでもない、別の人類種であることがわかり、デニソワ人と名づけられた。その後、核DNAを解析した結果、デニソワ人はアフリカで約80万年前にサピエンスとネアンデルタール人の共通祖先から分かれたことがわかった。さらに、現代メラネシア人のゲノムと共通する部分があることも判明し、サピエンスがアジアに拡散する過程で、デニソワ人と混血したものと考えられている。

◆*Interview*◆ 世界の研究者が語る人類学の最前線〈13〉

●ネアンデルタール人のゲノムが教えてくれること

ドイツ／マックス・プランク進化人類学研究所　スヴァンテ・ペーボ教授（進化遺伝学）

●ゲノム分析でわかった驚きの事実

私たちは1990年代の初めから、ネアンデルタール人のDNA解析に取りかかりました。最初はミトコンドリアDNAを対象にしていましたが、彼らと現代人のミトコンドリアDNAは大きく違うことがわかりました。

次に、私たちは核ゲノムの分析を始め、2010年頃に初めてネアンデルタール人のゲノムを得ることができました。そして、私たち現代人が彼らのゲノムの一部を受け取って持っていることがわかったときほど、人生で驚いたことはありません。最初は何かの間違いに違いないと思ったくらいです。その後、何度もテストを重ねた結果、ネアンデルタール人とホモ・サピエンスが交雑していたことを確信するに至りました。

●サピエンスはなぜ生き残ったのか

絶滅したネアンデルタール人と生き残った私たちサピエンスとの違いはなんなのでしょうか。たとえば、ヨーロッパ人が北米にやってきたとき、彼らが持ち込んだ武器と病気によって、大陸はすみずみまで制覇されました。それでも、ネイティブ・アメリカンは完全に絶滅してしまったわけではありません。今でも彼らの子孫は生き延びています。しかし、ネアンデルタール人は絶滅しました。私たちより長い期間生きていたにもかかわらずです。そこに、何か特別な違いがあったのだと思っています。

ネアンデルタール人のゲノム解読を可能にした技術は、人類学・考古学に革命を起こしました。彼らと私たちの遺伝子の違いが発見できれば、私たちが生き残った理由がわかるかもしれません。

▲DNAとゲノム解析について話すペーボ教授。

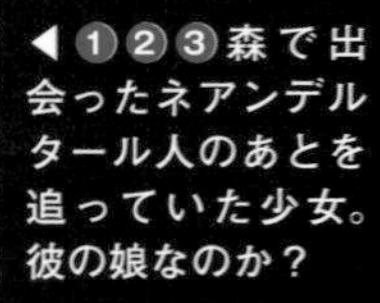

◀①②③森で出会ったネアンデルタール人のあとを追っていた少女。彼の娘なのか？

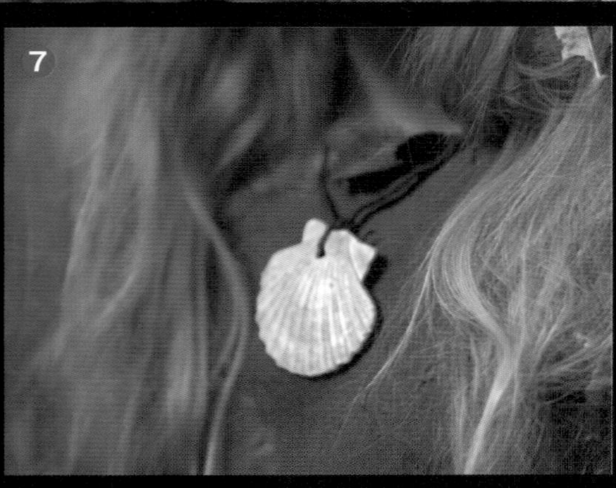

▲⑥⑦不安げにこちらを見るネアンデルタール人の少女。胸元には珍しい貝の首飾りをしている。

◀④夜、サピエンスがすみかでくつろいでいると、何者かの気配がする。

▲5 警戒して近づいてみると、そこには昼間の少女がいた。

▼8 おびえる少女にサピエンスの女性がそっと近づき、優しくなだめる。

▲▶⑨⑩⑪そして数年のときが流れ、ネアンデルタール人の少女は美しく成長していた。その胸元には、貝の首飾りだけでなく、幼子の姿もあった。

▼⑫ネアンデルタール人の少女はサピエンスに保護され､共に暮らしていたのだ。そして､胸に抱いていたのは､サピエンスの若者との間に生まれた子供だった。こうしてサピエンスの中にネアンデルタール人の遺伝子が受け継がれていったのだろう。

比べてみた！
ネアンデルタール人 vs. ホモ・サピエンス

わずか４万年前までホモ・サピエンスと共存しながら、最終的には絶滅してしまったネアンデルタール人。知的で、独自の文化も備えていたネアンデルタール人とサピエンスでは、どこに違いがあったのか？　ここで「肉体」「脳」「集団力」の観点から簡単に振り返っておこう。

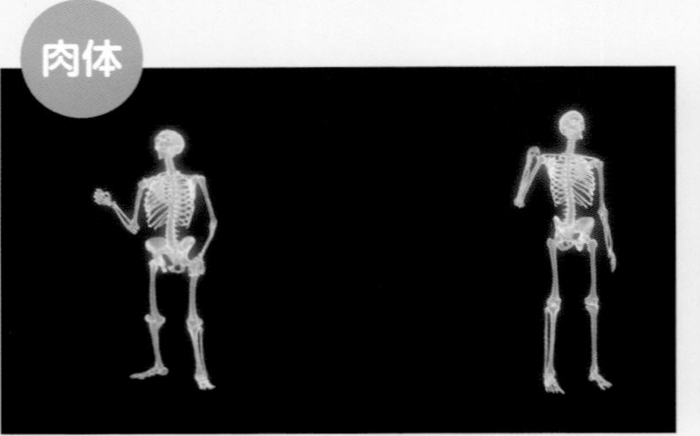

▲手足が長く、長距離を走ることに有利に進化したサピエンスの身体は、どちらかといえば細く華奢なものだった。それに対し、ヨーロッパの寒冷地に住み、四肢は短く太く、胴体もずんぐり型に進化したネアンデルタール人の身体は強靭なものだったといえる。

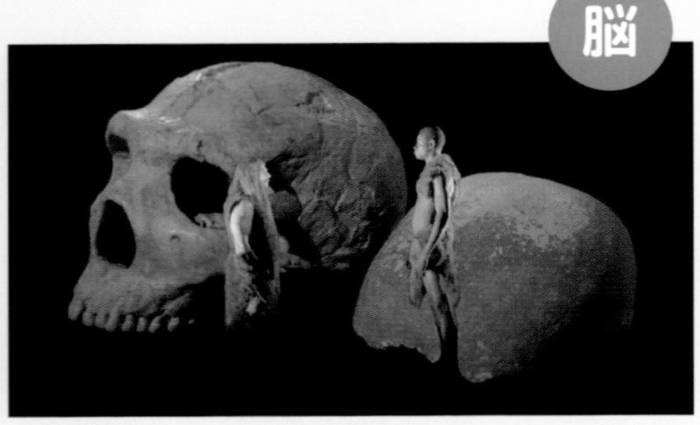

▲サピエンスの脳容積（頭蓋腔容積）は平均 1450ml なのに対し、末期のネアンデルタール人は 1500ml にもおよぶ。末期のネアンデルタール人は私たちよりも大きな脳を持っていたのだ。

	ネアンデルタール	ホモ・サピエンス
肉体	◎	△
脳	○	○
集団力	△	◎

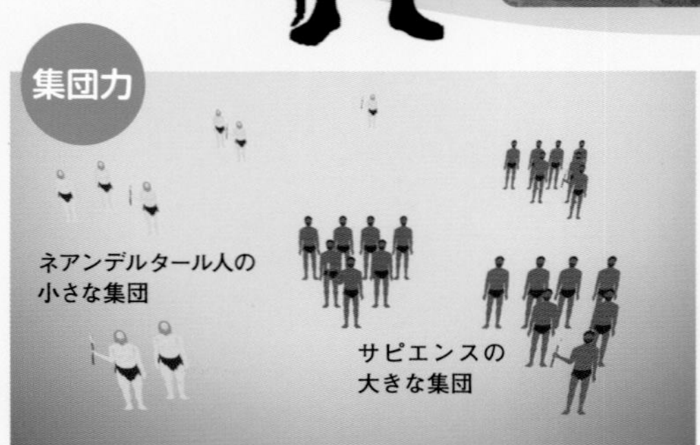

▼フランスのカスタネ遺跡では150 人ものサピエンスが生活。

▲それぞれの遺跡の研究から、集団を構成する人数はサピエンスのほうが多かったことがわかっている。気候変動に直面した際には、大きな集団同士で資源を融通し合ったり、画期的な道具の発明があったときには、いち早く多くの集団間でその成果を共有、さらに新たな改良が加わるなど、道具の進化にも大きく影響したと考えられている。

PART 3

ホモ・サピエンス ついに日本へ！

ついにアフリカを出て地球上に拡がり始めたホモ・サピエンス。
ユーラシア大陸をつたってアジアへ、さらに日本列島まで到達したが、
その行程は容易なものではなかった。陸を隔てる大海原を渡り、
あるいは想像を超える寒さを乗り越えなければならなかったのだ。

ホモ・サピエンスの拡散 本格的に世界へ拡がっていく人類

アフリカで誕生したホモ・サピエンスは、やがてその一部がアフリカを離れ、全世界へと拡散していく。私たちの祖先は、どのようにして世界へ拡がっていったのだろうか。

8万～5万年前に始まった ホモ・サピエンスの出アフリカ

およそ20万年前にアフリカ大陸で生まれたホモ・サピエンスは、いつからユーラシアに拡がり始めたのだろうか。

イスラエルのナザレ近くにあるカフゼー洞窟の遺跡からは、約10万年前のサピエンスの人骨が発見されている。しかし、その後、彼らはこの付近に住んでいたネアンデルタール人によって、アフリカに追い返されたらしい。しかし、遅くとも5万年前には、後期旧石器技術を持ったサピエンスは、再びイスラエルに進出し、そこから西アジア、さらにはユーラシア大陸全土へと拡散していったと考えられている。

なお、最近ミトコンドリアDNA解析や考古学的な研究から、約8万年前に、「アフリカの角」と呼ばれる地域からバブ・エル・マンデブ海峡を越えて、アラビア半島に至った一部のサピエンス集団がいたとも考えられている。

このようなサピエンスの拡散を、ホモ・エレクトスの「出アフリカⅠ」(P72参照)に対して、「出アフリカⅡ」と呼ぶ。

アフリカ大陸を出たサピエンスは、いくつかのルートをたどってユーラシア大陸全土へと拡散していった。温暖な地域を求めた一団は、西アジアから南アジアを通って東南アジアへと向かった。それとは別に、寒さにめげず、中央アジアを経由してヒマラヤ山脈の北側を通過し、シベリアへと至った一団もあった。

意外なことに、サピエンスのヨーロッパ進出はアジアへの進出よりも遅く、4万5000年前頃になる。当時のヨーロッパには、ネアンデルタール人が生き残っていたので、しばらくの間は共存していただろう。

東南アジアからスンダランドへ シベリアから北アメリカへ

アフリカを出て西アジアから南アジア、東南アジアへと移動したサピエンスの集団は、スンダランドへと到達した。

その頃の地球は最終氷期を迎えており、氷床域が広がったことで海水面が現在より100mも低かった。そのため、現在のマレー半島やスマトラ、ジャワ、カリマンタン島などは広大な亜大陸となっていた。この亜大陸をスンダランドと呼ぶ。現在とは異なり、東南アジア半島部からスンダランドまでは陸続きとなっていたため、サピエンスは徒歩で移動できたのだ。

スンダランドに到達したサピエンスは、およそ6万5000年前に、海を渡って現在のオーストラリアとニューギニア、タスマニア島が陸続きになった大陸、サフルランドへと渡り、オーストラリアの先住民アボリジニやニューギニアの人々の祖先になったとも伝えられている。。

一方、西アジアから中央アジア、シベリアへと移動したサピエンスの集団は、約1万5000年前に北アメリカへと渡り、大型動物を狩りながら南アメリカの最南端まで移動した。そして最後に、約3000～1000年前には、東南アジアから太平洋やインド洋の島々にまで到達し、サピエンスは世界中に拡散した。

しかし、彼らはどのようにして海を渡ったのだろうか。その秘密は、日本に残されていた。

▲イスラエルのカフゼー洞窟。ムス
化の遺物も多く出土している（写真
和昌介）。

▲アフリカを出たホモ・サピエンスはいくつかのルートをたどって
ユーラシア大陸に拡がっていった。

▲約 3 万年前のユーラシア大陸では、現在よりも海水面が 80m ほど低かった。

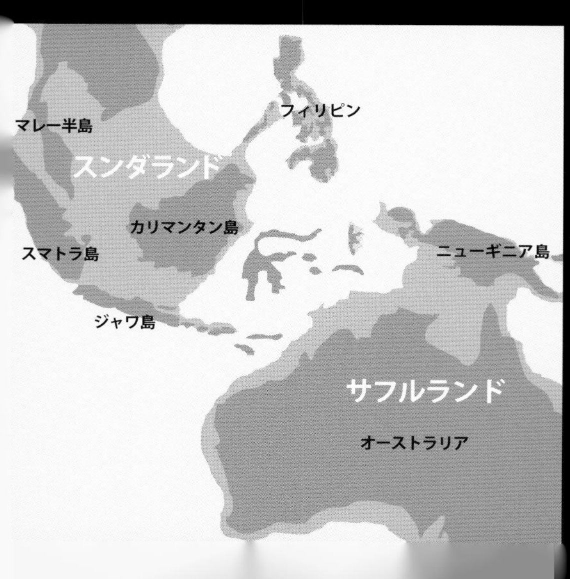

◀海水面が低かったため、当時の東南アジア、オセアニア地域に存在した広大な陸地・スンダランドとサフルランド。

Colu

●約 7 万年前のサピエンスが残した歯の化石

19 世紀後半、スマトラ島のパダン高
あるリダ・アジェール洞窟から歯の化石
本見つかっている。複数の年代測定方
用いた最新の研究では、この歯が約
3000 ～ 6 万 3000 年前のものである
がわかった。ホモ・サピエンスの東南ア
への進出は、これまで考えられていた
早いのかもしれない。

日本の白保竿根田原洞穴遺跡から人類拡散のカギが見つかった

ホモ・エレクトスやネアンデルタール人が成しえなかった世界への拡散を、なぜホモ・サピエンスは実現することができたのか。その謎を解明するカギが、石垣島で発見された「白保人」にあった。

海を渡って日本列島にやってきた白保人とは

ホモ・サピエンスが、ユーラシア大陸から日本列島へとやってきたのは、約４万～３万年前。そのルートは３つの候補が考えられる。ひとつは、当時、大陸と陸続きであった北海道を経由する「北ルート」。次は、朝鮮半島から対馬を経由する「西ルート」、最後が、現在の台湾あたりから沖縄を経由する「南ルート」だ。

サピエンスが海を渡った証拠に、沖縄ではいくつかの遺跡から、サピエンスの人骨や貝器などが見つかっている。

そうした遺跡のひとつで、空港建設に伴って偶然発見された沖縄県石垣島の白保竿根田原洞穴（しらほさおねたばるどうけつ）遺跡からは、５年間の発掘作業で 1000 点以上、19 体以上に属する可能性のある人骨が見つかっている。生活の痕跡がないことから、この場所が墓のようなものだったのではないかと考えられる。

それらの白保人の標本は、約２万 7000 ～２万年前のものと考えられており、全身骨格化石としては、日本最古のものだ。白保人発見の前には、沖縄本島の港川フィッシャー遺跡からしか全身骨格の化石は見つかっていない。発見場所にちなんで「港川人」と名づけられたその骨は、約２万年前のものと考えられている。

バラバラだった頭部の骨をつなぎ合わせて、白保人の顔を復元する作業も行われた。復元された白保人の顔は、南方系の顔立ちだった。

また、白保人の頭骨で、耳の孔（あな）には外耳道骨腫と呼ばれる膨らみも見つかっている。これは、別名「サーファーズイヤー」ともいわれるもので、サーファーや海女さんなど、耳が頻繁に冷たい海水に浸る人たちに見られる特徴だ。このことから、白保人の生活は、海と密接に関わっていたと考えられる。

白保人はどこから来たのか なぜ海を渡ったのか

白保人の骨からはDNA も抽出されており、遺伝子解析の結果、南方系由来のミトコンドリアDNA ハプロタイプ(B4e)が見つかっている。

台湾東部の長浜郷（チャンピン）にある八仙洞遺跡からは、白保人と同時代、約３万年前のものと推測される遺物が見つかっており、白保人が台湾からやってきた可能性を示している。

では、なぜ彼らは海を渡ったのだろうか。台湾と日本列島最西端の与那国島は、約 110km も離れており、肉眼で見ることはできない。台湾からは、100km 先まで遮る雲がないなどの条件が揃ったときに朝日をバックにした与那国島のシルエットが見えるか見えないかといった程度だ。

にもかかわらず、彼らを海へと乗り出させたものはいったいなんなのだろう。人口が増えすぎて食物が減ったのか、争いがあって追い出されたのか、それとも、好奇心を突き動かされたのだろうか。好奇心が海を渡らせた可能性は高いといえるだろう。

そして、どうやって海を渡ったのかという謎もある。その謎を解き明かすべく、当時のサピエンスたちと同じ道具を使って海を渡る実験も行われている（P134 参照）。

▲石垣島での発掘の様子。

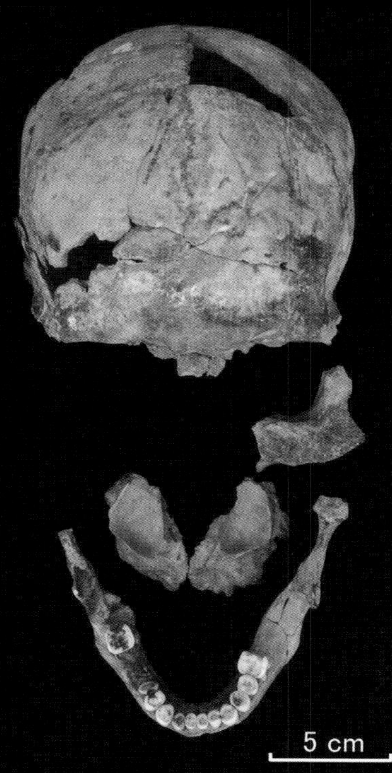

▲白保竿根田原洞穴遺跡出土４号人骨写真（沖縄県立埋蔵文化財センター所蔵）。

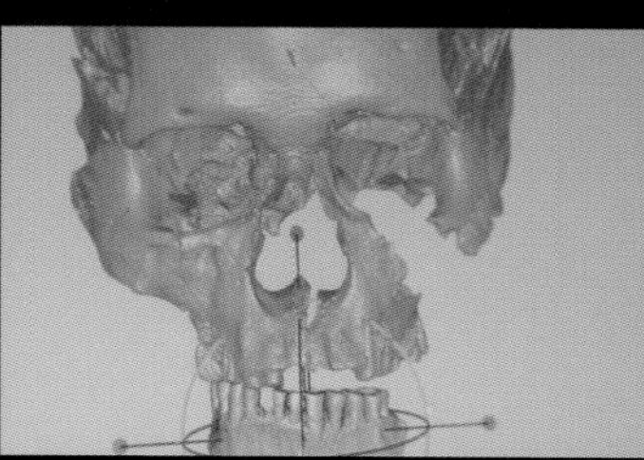

▲出土した人骨は精密に計測され、コンピュータで復元が試みられた。

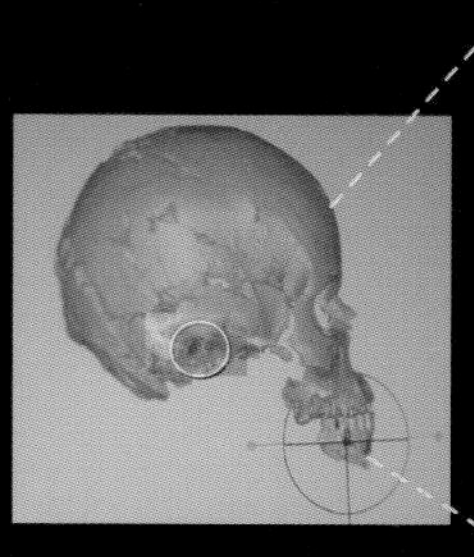
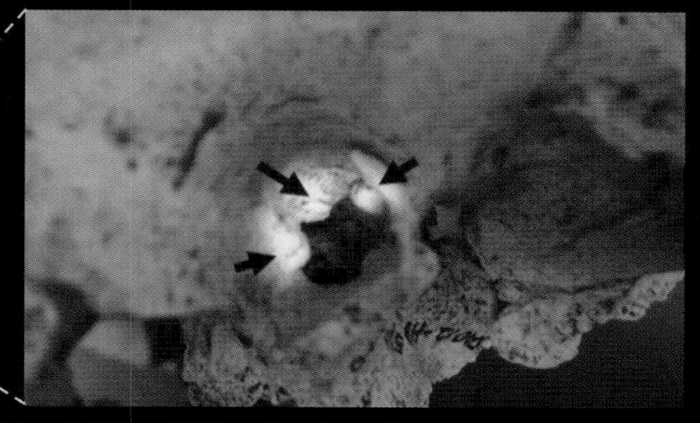

▲復元された頭骨を調べた結果、頻繁に海に潜る生活をしていたことをうかがえる特徴も見つかった。

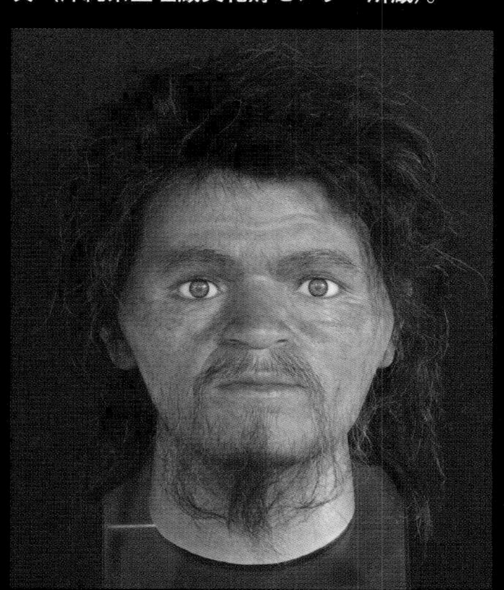

▲出土した人骨から復元された白保人の復元モデル。南方系の顔だ。（国立科学博物館所蔵）。

●南西諸島に人骨化石が多いのはなぜか

Column

白保竿根田原洞穴遺跡に代表されるように、南西諸島、沖縄地域の遺跡では、旧石器時代の人骨化石が多く見つかっている。一方、本土では静岡県浜松市浜北区の根堅遺跡から発掘された「浜北人」の化石しか見つかっていない。

火山国である日本では、多くの土壌は酸性であるため、人骨はとけてなくなってしまう。しかし、南西諸島では珊瑚礁に由来するアルカリ性の土壌が広く分布しており、比較的良好な状態で人骨が残っている場合が多いのだ。

海を渡った古代のホモ・サピエンス その方法はいまだ謎が多い

世界のあらゆる場所へ拡散したホモ・サピエンス。それまでの人類が成し遂げられなかった偉業を達成したのだ。彼らはどうやって海を渡ったのか。台湾と日本列島の間には世界最大級の海流が流れていた。

マグロの仲間の骨から推測する舟を作っていた可能性

およそ6万5000年前に、スンダランドにいたホモ・サピエンスが海を渡り、現在のオーストラリアとニューギニア、タスマニア島が陸続きになった大陸、サフルランドに至った可能性がわかってきた。そのことは、東南アジアやオーストラリアで発見されている遺跡の調査からも明らかになってきた。

東ティモールのジェリマライ遺跡からは、約4万2000年前のマグロやカツオの仲間に分類される魚の骨が見つかっている。同じ場所から約2万3000～1万8000年前のものと思われる、貝殻から作られた釣り針も出土している。マグロの仲間の魚の骨を、沖合いで魚を捕えていた証拠とする考えもある。外洋性のマグロをとるには、沖に出る必要があったと考えられるからだ。

となると、この頃のサピエンスは、舟を作る技術を持っていたのだろう。ただし舟そのものの遺物は見つかっていないため、どのような舟であったのかはわからない。

黒潮に流されずに日本へ漂着することはできるか

台湾から日本列島へと渡ったサピエンスも、舟を使った可能性が高い。白保竿根田原洞穴遺跡（P130参照）や東ティモールのジェリマライ遺跡などの発掘によって、サピエンスが海と深く関わっていたことはわかっている。しかし、だからといってサピエンスが泳いで海を渡ったとは考えにくい。何しろ台湾からは、一番近い与那国島まででも100km以上距離があり、黒潮も流れているのだ。サピエンスが約3万年前に、どのようにして海を渡ったのかは現在でも謎のままだ。

国立科学博物館の海部陽介人類史研究グループ長が主導する「3万年前の航海 徹底再現プロジェクト」では、GPSなどの計測機器を搭載した漂流ブイが黒潮の中をどのように流れるかという多数のデータを調べ、台湾から日本のどこかに漂着する可能性があるのかを検討した。

その結果、単に漂流するだけでは、黒潮に流されてしまい、日本列島にたどり着く可能性は低いことが明らかになった。

そこで、台湾から日本列島まで、古代のサピエンスのたどった行程を検証するため、当時存在した道具だけで舟を作り海を渡るという、壮大なプロジェクトが始まっている。黒潮を越えられるのであれば、どこの海でも渡ることができる。日本への道のりを解明することが、サピエンス拡散の謎を解き明かすことにつながるのだ。

Column

●人類と海との関わりを考える学問

過去の遺跡は、地上にだけあるとは限らない。たとえば、スンダランドは多くが海中に没している。海洋考古学は、そうした海中や沿岸にある遺跡や施設跡、難破船の残骸などを調査し、人類と海洋の関わり合いを解明する学問だ。特に近代以前の人や物の移動は、海や河川が利用されていたため、その時代の人類の移動経路や生活を解明するための重要な研究分野である。

▶東ティモールのジェリマライ遺跡では、東海大学・小野林太郎准教授、オーストラリア国立大学のスー・オコナー教授らを中心に貝や魚などの化石発掘が行われている。マグロなど外洋性の漁を行っていたことを示唆する釣り針も見つかっている。
（上）ジェリマライ遺跡（下）ジェリマライ遺跡出土のマグロ・カツオ魚骨（写真提供：小野林太郎）。

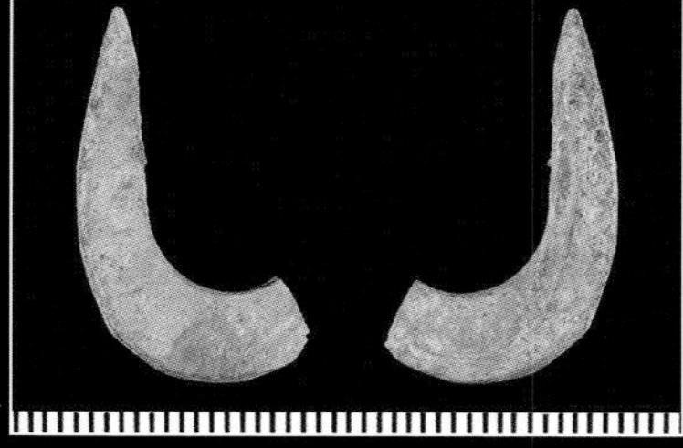

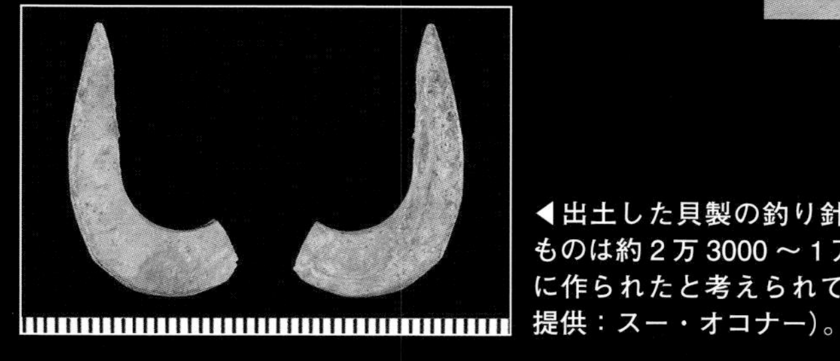

◀出土した貝製の釣り針。最も古いものは約 2 万 3000 ～ 1 万 8000 年前に作られたと考えられている（写真提供：スー・オコナー）。

▲▶台湾の東に位置する八仙洞遺跡。海岸に面した岸壁に約 30 の洞窟が点在し、新・旧石器時代の遺物が多数出土している。

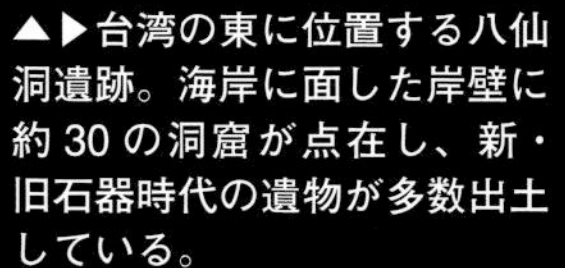

▼解析した 59 個の漂流ブイはすべて沖縄に漂着できなかった。世界最大級の海流、・黒潮は、この付近でも 2 ～ 3 ノット（約 3.7 ～ 5.5km/h）になるため、沖縄への漂流は事実上困難であることがわかった。

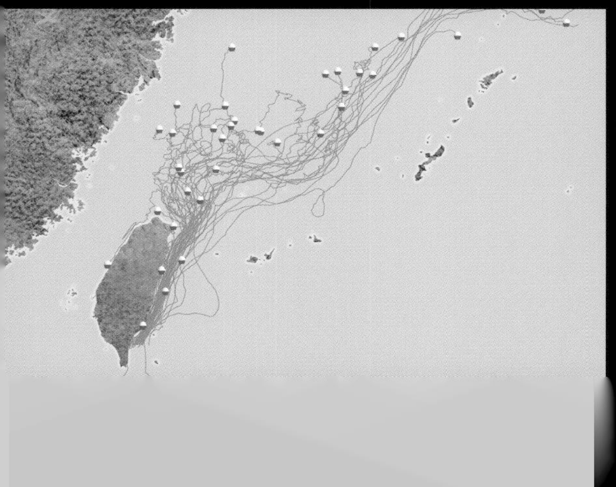

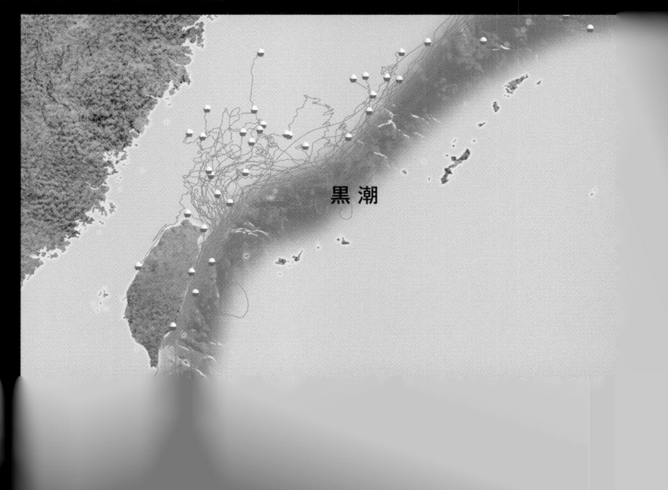

３万年前の航海 徹底再現プロジェクト―❶

ホモ・サピエンスがどのようにして海を渡り、日本列島までたどり着くことができたのかは、現代においても謎のままだ。当時の人々と条件を同じくして、謎を解き明かすプロジェクトの詳細を見ていこう。

素材と手法の徹底再現による舟作りでわかったこと

約３万年前に、私たちの祖先は海を渡って台湾から日本列島にやってきた。海に投げ出された人が、黒潮に運ばれて偶然に漂着する可能性は非常に低い。では、どのようにして海を渡ったのか。

「3 万年前の航海 徹底再現プロジェクト」は、3 万年前の人々になりきって、当時の道具で舟を作り、実際に海を渡ることができたのかを確かめるプロジェクトだ。このプロジェクトを通じて、祖先の実体に迫ることができる。

2016 年に行われた最初の実験では、与那国島に自生しているヒメガマという植物を、貝殻をナイフ代わりにして伐採するところから始められた。ヒメガマを束ねて作った舟ならば、海を渡れるのではないかと考えたからだ。

貝のナイフでも、ヒメガマを刈ることはできた。だが、貝のナイフだと 10 人がかりで 2 週間以上かかるため、現代の鎌を使用してヒメガマを集めることとなった。

刈り取った大量のヒメガマをツル植物で束ね､石で叩いて隙間をなくし密度を上げていく。さらにその束を舟の形に隙間なく組み上げていく。こうした作業を通じて、舟を作るには多くの人手と協力が必要なことがわかった。ホモ・サピエンスが持っている集団の力が重要だったのだ。

また、舟はふたつ作ることになった。舟がたどり着いた先で子孫を増やすには、5 組の夫婦が必要であるとわかったからだ。

こうして舟が完成したのは、プロジェクト開始から 2 カ月後だった。まず、与那国島から西表島を目指すテスト航海を行った。男女の漕ぎ手が時計や GPS を持たずに舟に乗り込み、風や太陽の位置などから方向を読み取って西表島を目指した。

しかし、テストは失敗してしまった。ヒメガマが海水を吸って重くなったため、思ったような速度を出せなかったことや、海流の速度が普段の倍まで強まっていたことから、舟が流されてしまったのだ。

ヒメガマの次に選んだ素材 竹の利点と限界

2017 年、プロジェクトでは、台湾で竹材を使った舟作りに挑戦した。3 万年前と同様の方法で作った石器を使って竹を切り出し、その竹を組んで舟を作った。中に空洞を持つ竹は、浮力と安定性に優れ、また草に比べればほとんど吸水もしないため、耐久性にも優れている。

できあがった竹舟は、ヒメガマ同様のテスト航海へと臨んだが、期待したほど速度が上がらず、黒潮を越えることはできなかった。

Column

●古代の技術を再現する学問

遺跡から発掘された資料を手がかりに、実験的な手法で機能や用途を推定する学問を実験考古学という。たとえば、石器を使って木を切り倒したり、当時もあった材料で住居を再現したりする。「3 万年前の航海 徹底再現プロジェクト」も実験考古学のひとつだ。

▲最初の実験舟の素材となった、島に自生するヒメガマ。貝殻を使って刈り取るのは大変な労力が必要となった。

◀▲舟を作るには、想像以上に大量のヒメガマが必要なこともわかった。

▲集めたヒメガマをツルで縛り、石で叩いて隙間をなくしていく。

▲ヒメガマの舟は、シミュレーションから 10 人の男女を運ぶため、ふたつ作られた。

▼いよいよ海へ。草舟では波を越えるだけでも大変な労力が必要だ。

▼西表島へ着く前に、テスト航海は断念することとなった。

▲素材を竹に変更しての２回目の挑戦。石を割って作った石器で竹を切り出した。

▲しかし、竹舟でのテスト航海も、黒潮の流れに打ち勝つスピードが得られず、予定外の場所に流れてしまい失敗に終わった。

3万年前の航海 徹底再現プロジェクト―❷

2016年、2017年と実験を重ねてきたプロジェクトは、オーストラリアの遺跡での発見によって新たな展開を見せることになった。木の舟を作って海を渡った可能性が出てきたのだ。

ホモ・サピエンスは石の斧で丸木舟を作ったのか

マグロの仲間の骨が見つかった東ティモールのジェリマライ遺跡（P132参照）からは、貝を使った斧が発見された。また、オーストラリア北部のカカドゥ国立公園に近いマジェベベ遺跡では、刃の部分を砥石で磨いた石でできた斧（刃部磨製石斧（じんぶませいせきふ））が見つかっている。

発見された石斧には、柄をくくりつけた痕跡も残っており、石器をツル植物などで木の棒に固定したのだろうと思われる。非常にシンプルな作りの斧だが、手に持って打ちつけるより、10倍近くも大きな力で硬いものを砕くことができるという。時間をかければ、木を切り倒すこともできたはずだ。ホモ・サピエンスは、石製の斧を使って木を切り倒し、丸木舟を作って海を渡ったのかもしれない。

本当に石斧で大木を切り倒すことができるのか

縄文時代のものと思われる丸木舟は発見されているが、旧石器時代のサピエンスが丸木舟を使った証拠はない。また、沖縄や台湾の遺跡から石斧は見つかっていない。しかし、日本に渡ったサピエンスが、石斧を使って丸木舟を作った可能性はある。

「3万年前の航海 徹底再現プロジェクト」は、実験で検証を行うことにした。石を打ち欠き、刃先を研いだ石器を木の棒にくくりつけて石斧を作り、それを使って直径1mほどの木を切り倒せるのかを試したのだ。6人の大人が交代で木に石斧を叩きつけること6日、3万6225回目の打撃で木は倒れた。石斧でも木を切り倒せることを実証したのだ。

この実験結果は、石斧によってサピエンスの生活が一変した可能性を示唆するものだ。木を切り倒せるのであれば、丸太で住居を作ったかもしれないし、橋を作って川を安全に渡れるようになったかもしれない。

その後、プロジェクトでは丸木舟がどのくらいの速度を出せるのかも検証し、草舟や竹舟よりも圧倒的にスピードが出ることがわかった。2019年には、台湾から与那国島まで丸木舟で渡る実験を予定している。それが成功すれば、サピエンスがどのようにして海を渡り、日本まで来ることができたのかを解明することができるだろう。

Column

●世界最古の釣り針

2012年8月、沖縄県南城市にあるサキタリ洞遺跡の2万3000年前の地層から、丸い形の貝製品が出土した。これまでにも貝のビーズや道具類が見つかっていたが、出土品の土を取り除くと、半円形の弧を描いて一方の先端がとがった「釣り針」であることがわかった。東ティモールのジェリマライ遺跡でも、同じくらいの年代と思われる釣り針の破片が見つかっているが、現時点で世界最古の釣り針とされている。

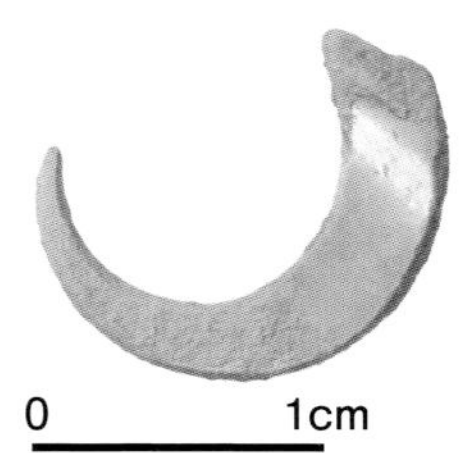

▲古代のサピエンスたちは、石斧を使って丸木舟を作っていた可能性がある。

▲オーストラリアのマジェベベ遺跡からは、木の棒にくくりつけて使った痕跡のある磨いた石器が見つかった。

▲原始的な石斧を使い、6日間で直径 1m ほどの大木を切り倒すことができた。

▲木をくりぬいて作った丸木舟。

▲丸木舟は、草舟や竹舟に比べ水の抵抗を受けにくく、黒潮に打ち勝つスピードが出ることも検証された。2019 年の航海に向かって期待が高まる。

▲①②③大勢の男女が協力し合い、浜辺に３つの丸木舟が運ばれてくる。今日は５組の若い夫婦が海を越えて未知の土地へと旅立つ日だ。

▲④⑤⑥航海の安全を願うのか、長老とおぼしき人物が若者たちの頭に草で作った冠をかぶせていく。みな不安ながらも、どこか誇らしげな表情だ。▼⑦⑧大勢の仲間に見送られて、若者たちの航海が始まる。

▲⑨⑩どのくらい漕いだろう。やがて、彼らの行く手に島影が見えてくる。あれが目指す土地なのか？　舟を漕ぐ手に一気に力が入る。

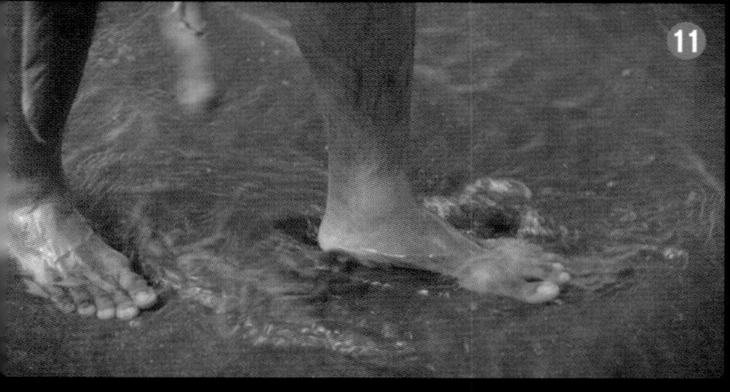

▲▶⑪⑫ついにやってきた。ここが彼らの目指した未知なる土地なのだ。

◀▼⑬⑭こうして島から島へ、舟を使って沖縄へと渡ってきた人々。沖縄から鹿児島にかけての島々には、この時代のサピエンスの足取りを示すかのように数多くの遺跡が残されている。

続出する遺跡の新発見 アジアは人類史のホットスポット

東南アジアでは、大陸部だけでなく多くの島々で、さまざまなホモ・サピエンスの集団が暮らし、文化を発展させていた。今、次々と新たな遺跡が発掘され、サピエンスの歴史は書き換えられている。

ホモ・サピエンスの進化の軌跡を留めるアジア

人類史の研究は、これまで長い間ヨーロッパを中心に行われてきた。たとえば、フランスにあるショーヴェ洞窟に描かれた壁画は、現代型ホモ・サピエンスの代表であるクロマニョン人によって、およそ3万6000年前に描かれた芸術としてよく知られている。

しかし、研究が進むにつれ、ヨーロッパよりも早く、アジアでサピエンスが高度な文化を育んでいたことがわかってきた。タイからマレーシア、インドネシアなど、かつてスンダランドと呼ばれる陸地であった場所は、サピエンスの故郷であるアフリカと同じような暖かい気候であったため、多くのサピエンスが暮らしていたと考えられる。そのため、サピエンスの遺跡も多く見つかっている。

たとえば、インドネシアのリアン・ブル・ブトゥエ遺跡からは、約3万年前の動物の骨を加工した装飾品が出土している。また、カリマンタン島のマレーシア領にあるニアー洞窟からは、約4万年前の人骨や小剥片石器が、スリランカの遺跡からは、約3万7000年前と思われるビーズなどの装飾品が見つかっている。

世界最古の壁画はアジアに存在した

スンダランドに進出したサピエンスは、およそ6万5000年前にはウォーレス線を越えて海を渡ったと思われる。

インドネシアのスラウェシ島マロスには、およそ4万年前に描かれたものと思われる壁画が見つかっている。その壁画は、洞窟の壁に手を当てた状態で、上から顔料を吹きつけたというシンプルなものだ。また、そばにはバビルサというこの地域に生息するイノシシの仲間や、近くの洞窟からは魚、イカの姿を描いた壁画も見つかっている。これらは、サピエンスによる最も古い壁画と考えられている。

こうした遺物や壁画は、ラスコー洞窟やショーヴェ洞窟にあるようなサピエンスによる高度な文化・芸術が、ヨーロッパと同じくアジアでも発展してきたことの証拠といえるだろう。

今後、アジアの遺跡調査が進めば、さらに驚くべき発見があるかもしれないと期待されている。アジアは、サピエンスの進化を知るうえで、今一番熱い“ホットスポット”なのだ。

Column

●ウォーレス線

イギリスの博物学者アルフレッド・ラッセル・ウォーレスが提唱した生物の分布境界線を「ウォーレス線」という。西側がスンダランド、東側がウォーレシア、さらに東がサフルランドで、それぞれ陸続きになったことがないため、生物相が異なっているのである。

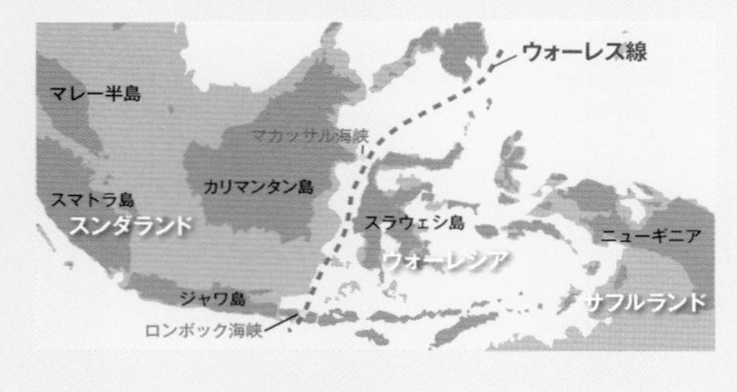

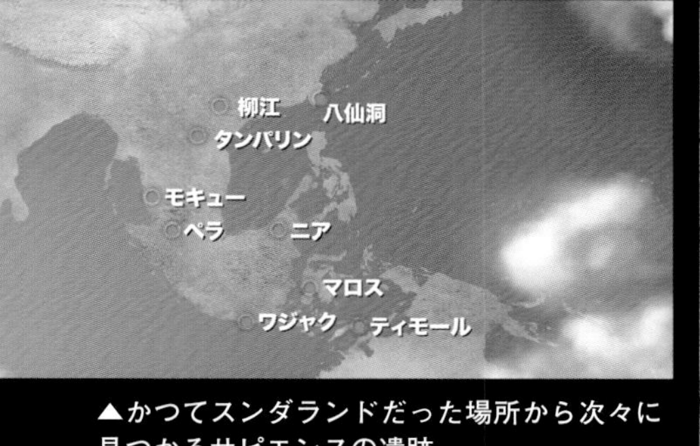

▲かつてスンダランドだった場所から次々に見つかるサピエンスの遺跡。

▲◀インドネシアのスラウェシ島・マロスのティンプセン洞窟では世界最古と思われる壁画が多数見つかっている。下は、上の写真の手形部分を強調したもの。

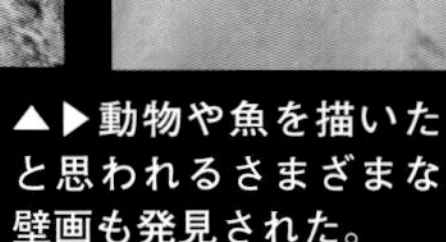

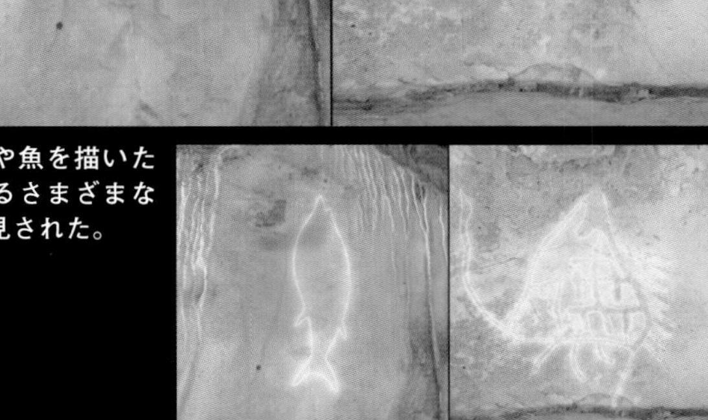

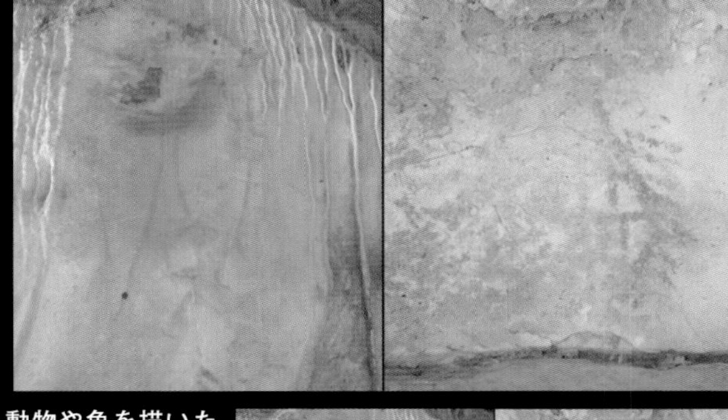

▲▶動物や魚を描いたと思われるさまざまな壁画も発見された。

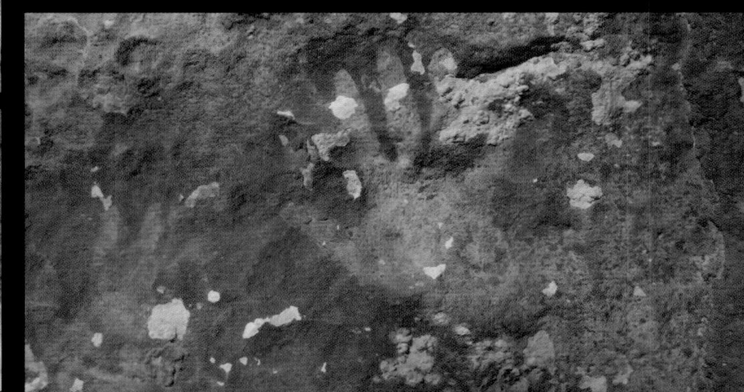

▲マロスの遺跡での発掘の様子。約４万年前のものと思われる壁画の数々は、サピエンスの文化はヨーロッパ発祥、というこれまでの常識を覆した。

ユーラシアから日本列島への道 極寒の北ルート

旧石器時代、日本列島の北部はユーラシア大陸と陸続きになっていた。海を渡る南ルートよりも、徒歩で移動できる北ルートのほうが難易度は低いように思える。だが、そこには「寒さ」という大きな障壁があった。

シベリアから日本列島にやってきたホモ・サピエンス

苦労して海を渡ったと考えられる南ルートに対し、北から北海道へと移動した北ルート。ホモ・サピエンスが日本列島にやってきた約4万～2万5000年前は、氷期であったため海水面が今よりも低く、北海道は大陸と陸続きになっていた。北ルートのサピエンスはシベリアからサハリンを通り北海道へ、そして本州へ渡ったと考えられる。

その頃の彼らの足跡が、北海道の千歳市にある柏台Ⅰ遺跡から見つかっている。この遺跡で見つかったのは、約2万5000年前のものと思われる石器「細石刃（さいせきじん）」だ。細石器とも呼ばれるこの石器は、動物の骨や木の棒に溝を彫り、そこに黒曜石などで作った細かい刃をはめ込んで、槍や刀のように使われていたと考えられている。いわば、替え刃式の石器だ。北海道北東部にある遠軽（えんがる）町の白滝遺跡群からは、多くの細石刃が見つかっている。

同様の石器は、シベリアのストゥデョノエ2遺跡やバイカル湖近くにあるマリタ遺跡からも多く出土している。約2万4000年前の遺跡と見られているマリタ遺跡からは、マンモスの牙で作られた彫刻なども発見されている。こうしたことから、シベリアから北海道に移動してきたサピエンスがいたと考えられる。

サピエンスが中央アジアから寒いシベリアに進出した理由

日本列島に移住したサピエンスが、シベリアからやってきたことはわかった。その頃のシベリアは、氷床には覆われてはいなかったので、生活することはできただろう。しかしなぜサピエンスは、わざわざシベリアのような寒い地域に進出したのだろうか。

比較的温暖な気候で暮らしやすい中央アジアから寒いシベリアへと移動した理由、それは食物だと考えられている。

寒い地域と聞くと、食物が乏しい印象を持ってしまうが、当時のシベリアにはマンモスやバイソン、トナカイ、ヘラジカなど、食物となる比較的大きな動物が数多く生息していた。そうした動物たちは、白い雪の上では非常に目立つ。また、雪の上に足跡が残っていれば、動物を追跡することも容易だっただろう。

さらに、シベリアのような寒い地域にはネアンデルタール人も進出していない。つまり、サピエンスにとって競争相手がいなかったのだ。そうした条件が揃っていたことから、サピエンスはシベリアまで進出し、さらにマンモスなどとともに日本列島にやってきたのだろう。しかし、陸続きだったとしても、北ルートが必ずしも楽な道のりであったとはいえない。南ルートの障壁は「大海原」だったが、北ルートの障壁は「寒さ」だったのだ。サピエンスはどのようにして厳しい寒さを克服し、日本までたどり着いたのだろうか。

ちなみに、長野県野尻湖の遺跡からは、約3万年前のものと見られるナウマンゾウなどの骨が発掘されている。同じ地層からは、石器や骨製のナイフなども見つかっており、このあたりはサピエンスの狩り場であったと考えられる。

▶日本列島の北部は、約４万〜２万5000年前にはまだユーラシア大陸と陸続きだった。

▲黒曜石で作った細かい刃のような石器「細石刃」。動物の骨に溝を彫り、たくさん並べてはめ込んで使ったと考えられている。

▲白滝遺跡群から出土した細石刃。後期旧石器時代のものと推定され、槍の先につけて使用したと考えられている。写真左側の一番大きなもので長さは約7cm、幅は1cm（写真提供：遠軽町教育委員会）。

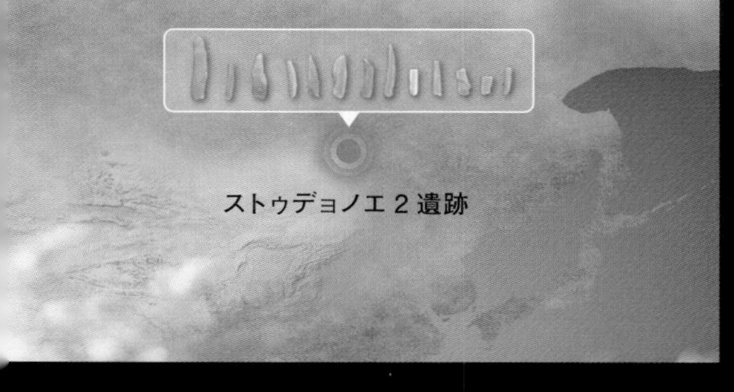

◀シベリアのストゥデョノエ２遺跡や首都イルクーツク市の北西にあるマリタ遺跡からも細石刃が数多く出土している。マリタ遺跡は２万数千年前のサピエンスの定住地と考えられており、細石刃の技術を持った人たちが日本列島に渡ってきたのだろうか。

▶当時のシベリアは、寒さは厳しいがマンモスやトナカイなど、サピエンスの食物となる動物が数多く生息していた。

縫い針の発明が、ホモ・サピエンスの寒冷地進出を可能にした

ホモ・サピエンスが進出した頃のシベリアは、現在よりもさらに冬の気温が低かったと考えられる。にもかかわらず、彼らが寒い環境に適応できたのは、縫い針という偉大な発明があったからだ。

極寒地の生活を可能にした ホモ・サピエンスの偉大な発明

ヒマラヤ山脈の北側を移動したホモ・サピエンスの一団は、およそ4万年前にはシベリアへと到達する。その頃はまだ氷期であり、シベリアは雪と氷で閉ざされた極寒の地であった。サピエンスたちは、どうやって寒さから身を守ったのだろうか。

謎を解くカギは、マイナス40℃にもなる極北の地にあった。2003年から発掘調査が進められているロシアのサハ共和国にあるヤナRHS遺跡では、永久凍土の中からおびただしい数のマンモスやバッファローの骨、石器、アクセサリーなど、10万点に上る遺物が見つかっている。

膨大な出土品の中に、サピエンスが気温の低い北極圏でも生き延びるための道具があった。動物の骨や角から作られた縫い針だ。ヤナRHS遺跡からは、動物の骨で作られたケースに入った長さ5～10cm程度の縫い針が、103本発見されている。そのうち75本は完全な形で見つかった。この縫い針こそ、サピエンスが寒い環境に適応するための最新技術だったのである。

トナカイなどの骨を削って作られた縫い針は、先端が細く尖っており、後端には糸を通す孔（メド）がある。糸は、トナカイなどの腸や腱を細く裂いたり縒（よ）ったりしたものが使われたと考えられる。この針と糸を使って、トナカイなどの毛皮を縫い合わせることで、密閉性が高く保温性に優れた防寒着を作ることができた。服だけでなく、暖かい帽子や手袋、靴も作ることができただろう。ヤナRHS遺跡のある地域では、今でもトナカイの毛皮を手作業で縫い合わせたコートが作られ、利用されている。

縫い針によって寒さを克服 発想力がサピエンスを発展させた

縫い針は、服を作る以外にも使われたであろう。現代においても、毛皮を縫い合わせて住居に使用する民族が存在するが、古代でも毛皮を住居に使ったことは想像に難くない。

ウクライナのメジリチ遺跡では、マンモスの骨を400個も組み合わせて作られたサピエンスの住居跡が見つかっている。マンモスの骨を骨組みに使い、その上を毛皮で覆って保温性を高めたと考えられる。洞窟などが少ない地域であったため、こうした住居が作られたのだろう。

寒さをしのぐために作られた服や住居、そしてそれらを作るための縫い針。こうした発想は、原人やネアンデルタール人にはなかったため、彼らは寒さに耐えることができず、シベリアには進出できなかったと考えられている。

サピエンスは、彼らが持つ創造性によって、世界中に拡がることができたといえるだろう。

> **Column**
>
> **●縄文人北方起源説**
>
> 北海道の遺跡から見つかった縄文人のミトコンドリアDNAを解析した結果、バイカル湖畔に住むブリヤート人との類似が確認された。そのことから、縄文人の起源はシベリアであるとする説もある。

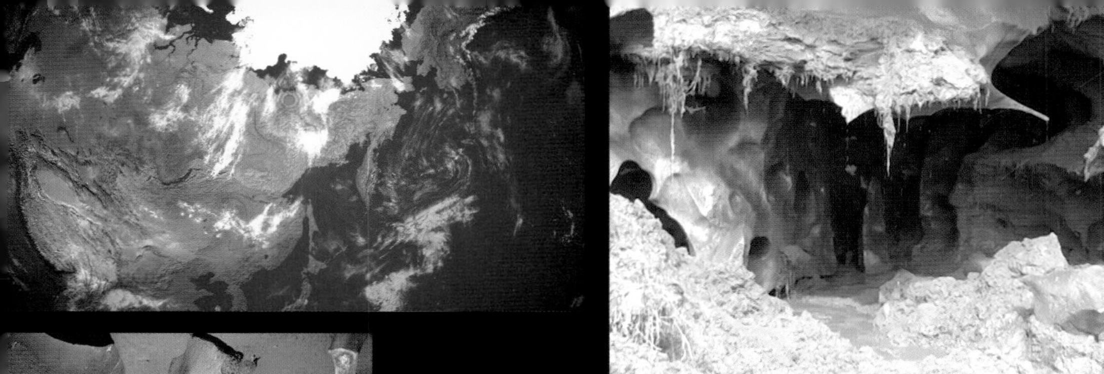

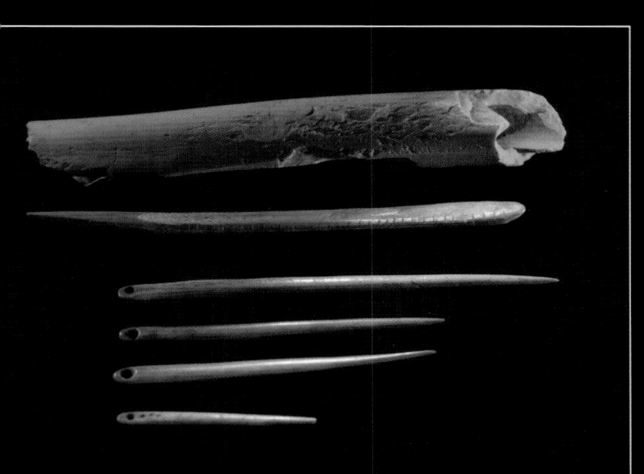

◀▲北緯 71 度の極寒のロシアに位置する約 3 万 2000 年前のサピエンスの遺跡、ヤナ RHS。大量のマンモスの骨（左）やバイソンの骨に混じって、動物の骨から作ったケースと縫い針が見つかった。

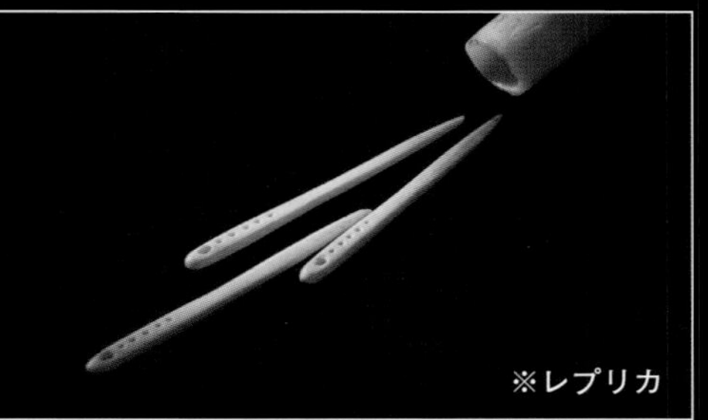

※レプリカ

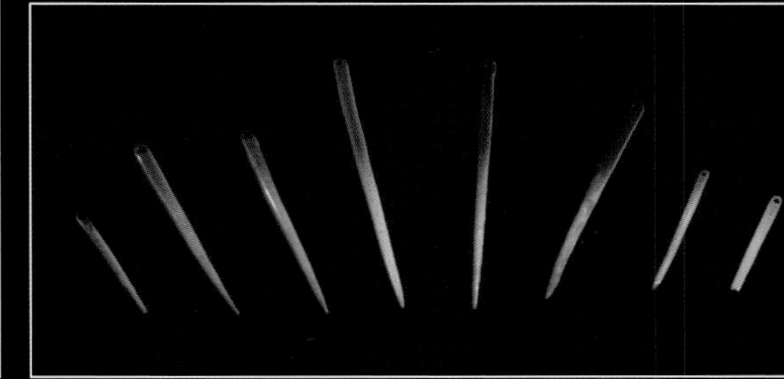

▲見つかった縫い針は全部で 103 本。古い針がこれほどまとまって出土するのは世界初のことだ。

●縫い針の作り方

動物の骨に２本の縦溝を平行に彫ったあと（❶）、骨を割ると細い棒ができる（❷）。これを砥石代わりの石にこすりつけるようにして削り、先端を細くする（❸）。最後（あるいは❶のあと）に後端部分に糸を通す孔をあけて、孔の周囲を削れば縫い針ができあがる（❹）。なお、初期の縫い針には孔はなく、縫い針に直接糸を結びつけて使われていた。

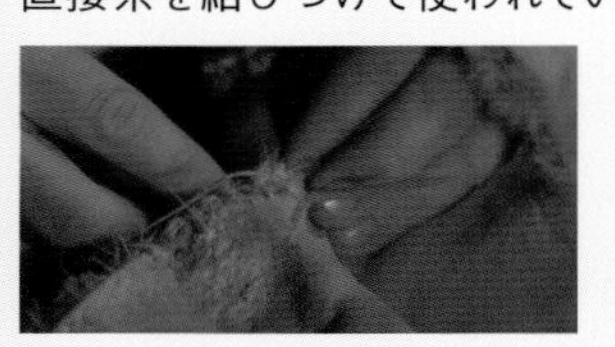

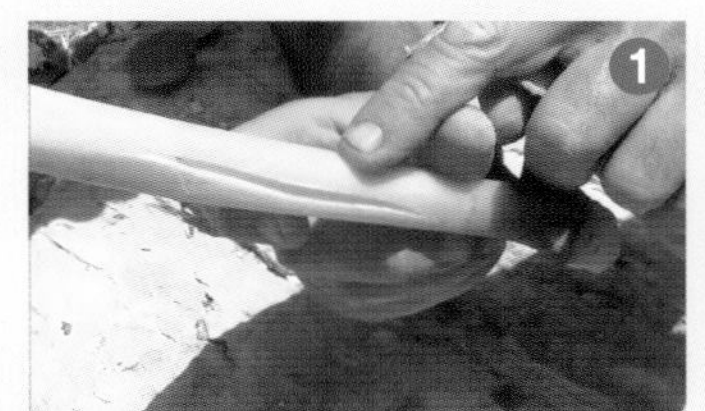

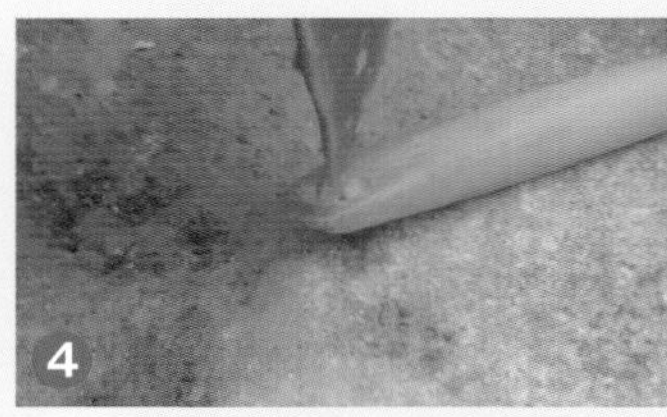

▲①②見渡す限りの雪原。極寒の地に暮らすサピエンスの一団が狩りをしている。

▲▶③④雪原にマンモスが現れた。シベリアはサピエンスにとって獲物となる大型動物が豊富な土地で、しかも白い雪の上なら獲物がよく見えるのだ。

▲⑤⑥⑦⑧槍を手に、雪に残された獲物の足跡をたどるサピエンス。バッファローの群れを見つけてそっと忍び寄る。

▲◀▼⑨⑩⑪獲物に狙いをつけ、一気に槍で襲いかかる。仕留めた獲物を抱えて、サピエンスたちは家路につくのだ。

ホモ・サピエンスが到来する以前 アジア各地に暮らした先住者たち

現生人類であるホモ・サピエンスよりも先に、ホモ・エレクトスはアフリカからアジアへと拡散していった。ジャワ原人、北京原人として知られるのが、このアジアに進出したエレクトスだった。

アフリカを出たホモ・エレクトスは ジャワ原人や北京原人へと進化した

アフリカで誕生し、アフリカから別の地域へと移住した人類は、ホモ・サピエンスが最初ではない。サピエンスより先に「出アフリカ」を果たしたのは、ホモ・エレクトスだ。

1991年にジョージアにあるドマニシ遺跡から発掘された頭骨化石は、およそ180万年前のものと推定され、初期の原人がその頃に出アフリカ（出アフリカI）を果たしていたことが明らかになった（P72参照）。

その後、さらに約120万年前（一説には160万年前）には、東アジアへと進出してジャワ原人や北京原人になったと考えられている。

1891年、インドネシアのジャワ島ソロ川中流域で、人類学者ウジェーヌ・デュボワが約90万年前の頭骨や大腿骨を発見した。彼は、これにピテカントロプス・エレクトス（直立した猿人）という学名をつけた。いわゆる「ジャワ原人」だ。

一方、1920年代以降には、中華人民共和国周口店で中国の考古学者、裴文中（はいぶんちゅう）が頭骨を含め、少なくとも十数人以上に属する骨を発掘した。いわゆる「北京原人」だ。現在ではジャワ原人、北京原人ともに、エレクトスとされている。

ジャワ原人も北京原人も、エレクトスがはるばるアフリカから、ユーラシア大陸をつたい東アジアや東南アジアまで移動し定住していたことを示す証拠であるといえるだろう。しかし、彼らは日本列島まで進出することなく、いつの間にか絶滅してしまったのだ。

小さな原人が巻き起こした 大きなセンセーション

2003年、インドネシアのフローレス島にあるリアン・ブア洞窟の遺跡から、ほぼ全身の骨が揃った原人と思われる化石が発掘された。ホモ属の新種、ホモ・フロレシエンシス（フローレス原人）と名づけられたその化石は、人類史の常識を大きく揺るがすことになった。

人類進化の過程において、身長と脳は年代につれて大きくなる傾向がある。しかし、数万年前のものと思われるフロレシエンシスの化石は、身長が約300万年前の猿人並みで約110cm、脳容積も420mlと非常に小さかった。

フローレス島はほかの地域と陸続きになったことはない。つまり、なんらかの方法で海を渡った可能性が高いのだが、彼らが舟を作ったとは考えにくい。スラウェシ島やジャワ島などの沿岸部に住んでいた初期のジャワ原人が、地震による津波でさらわれ、そのうちの何人かがフローレス島へ流れ着いたという可能性はあるだろう。

では、なぜフロレシエンシスは小型なのだろうか。それは、「島嶼（とうしょ）効果」が起きたからではないかと考えられている。島嶼効果とは、島のような隔絶された狭い環境では、生物が独自の進化を遂げて小型化、あるいは大型化するという説だ。フローレス島では、小型のゾウや大型のネズミ、大型のトカゲなどといった化石が発見されている。フロレシエンシスも、競争相手や天敵がおらず、食物が乏しい環境で、身体を小型化して個体数を増やしたのかもしれない。

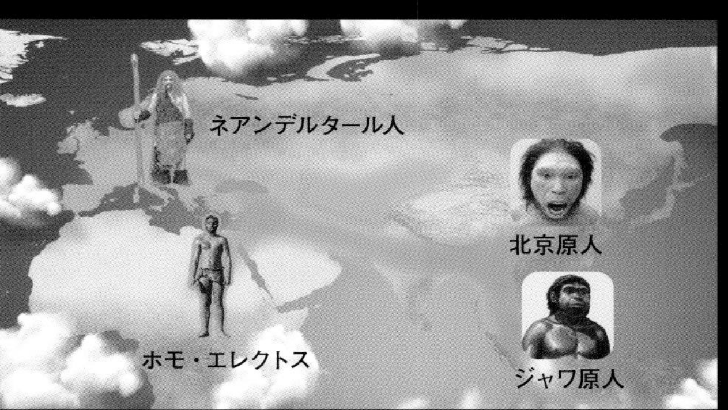

▲中国で発見された北京原人や、ジャワ島のジャワ原人はどちらもホモ・エレクトスだ。アフリカを出たエレクトスはいくつかのルートでユーラシア大陸に拡がり、温暖だったスンダランンドを通ってインドネシアまで到達していた。

▲中国の周口店遺跡。約 70 万～ 30 万年前に北京原人が居住していたと考えられている（写真提供：名和昌介）。

▲ホモ・フロレシエンシスが発見されたインドネシア、フローレス島のリアン・ブア洞窟遺跡（写真提供：名和昌介）。

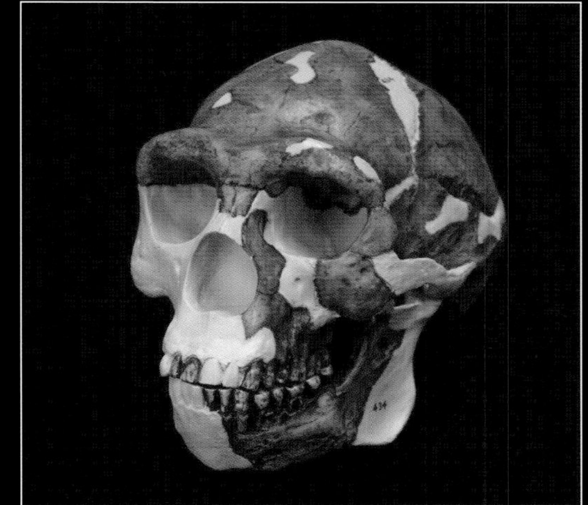

▲北京原人の頭骨（模型）（国立科学博物館所蔵）。

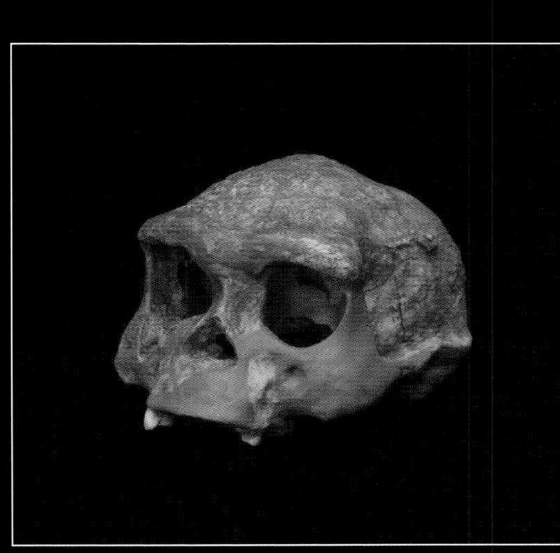

▲ジャワ原人の頭骨（模型）（国立科学博物館所蔵）。

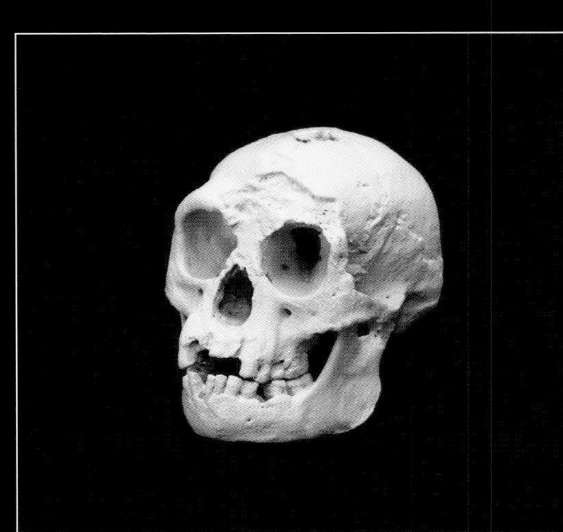

▲ホモ・フロレシエンシスの頭骨（模型）（国立科学博物館所蔵）。非常に小さいことから、J・R・R・トールキンの小説『指輪物語』などに登場する小型の人類種族にちなんで「ホビット」と呼ばれた。

ホモ・サピエンスの道具作りと言語能力の関係を解き明かす

なぜホモ・サピエンスだけが縫い針のような道具を作り出すことができたのだろうか。そこに、サピエンスの言語処理能力が深く関係していると考える研究者も出てきた。道具作りと脳、そして言語との興味深い関係を見ていこう。

言語能力が発達していたからこそ独創的な道具を作り出せたという説も

縫い針や柄のついた石斧といった発明ができたのは、ホモ・サピエンスだけだ。ネアンデルタール人も石器を使っていたが、長い年月の間でもその形状はほとんど変わっていない。一方、サピエンスは石器についても創意工夫を施してきた。

縫い針にしても石斧にしても、骨や石といった材料から完成した形を思い描き、どのような順番で加工していくのか、手順を考え作り上げる必要がある。サピエンスだけが、そうした想像力を働かせることができたのだ。

石器作りが脳をどのように刺激するのか、MRIを使った実験も行われている。アメリカ・エモリー大学のディートリッヒ・スタウト教授は、被験者に石器を作る様子を映した映像を見せ、擬似的に石器作りを体験させた。すると、脳の「ブローカ野」と呼ばれる部位が活性化した。ブローカ野は、大脳皮質の前頭葉にある器官で、運動性言語中枢とも呼ばれており、ヒトの言語処理、つまり喉や舌を動かして言葉を発するといった行動を司る部分なのだ。

一見、道具を作ることと言葉を操ることは、異なる能力のように見えるが、順序立てて考え行動するという点において、非常に似た能力といえる。サピエンスは、それまでの人類に比べて飛び抜けて複雑な言語を操る能力を持った種だと考えられている。だからこそ、縫い針のような道具を作り出すことができたのだと考える研究者もいる。

言語による技術の伝承がサピエンスを生き延びさせた

言語とは、他人とコミュニケーションを図るための道具である。発見や経験を他人に伝えることができるという点が、サピエンスの強みだ。たとえば、縫い針を発明したとして、発明した個人、あるいはその個人が所属する集団が、別の集団に伝えなければ、技術は継承されず、やがて消え去っていたことだろう。

自動車を例に挙げて考えてみよう。誰かが思いついた車輪によって物を簡単に動かせるようになり、人や動物に代わって内燃機関を使うことで、より遠くへ速く運べるようになった。さらにさまざまな工夫を凝らすことで、現代の自動車が生まれた。たとえば、サピエンスが言語を持たず、コミュニケーションできない種であったらどうなったか。車輪を発明してもそれを後世に伝えることはできず、自動車は生まれなかったかもしれない。

ひとつの発明や技術を記憶・記録し、後世に伝えて発展させたからこそ、現代の文明社会が生まれたのだ。自動車だけでなく、航空機やロケット、テレビやインターネットなど、あらゆる技術がこうした知恵の積み重ねでできている。

サピエンスは、それまでのホモ属のように肉体を変化させるのではなく、道具を生み出すことで環境に適応してきた。その背景にあったのは、好奇心や協力する心、さらに複雑な言語を操ることができる能力だった。サピエンスは、進化の過程で獲得した力を総動員して、生存競争を勝ち残ってきたといえるだろう。

◀▼ディートリッヒ・スタウト教授は、石器作りと脳の関係を調べ、人間の認知能力の進化を研究している。現代人が、石を打ち砕いて石器（握斧）ができあがっていく工程を見るとき、脳のどの領域が活性化するかを MRI を使って観察したのだ。

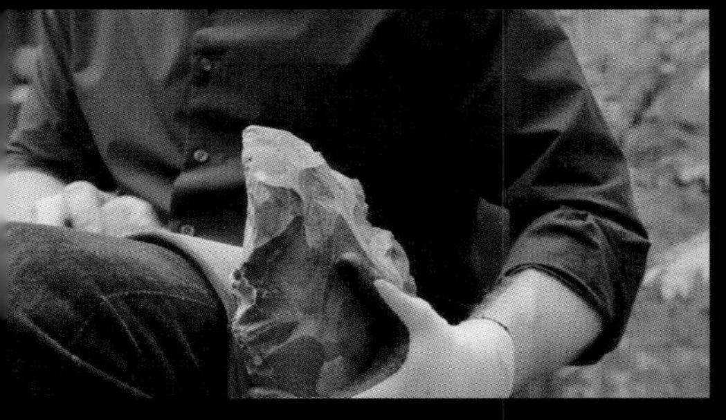

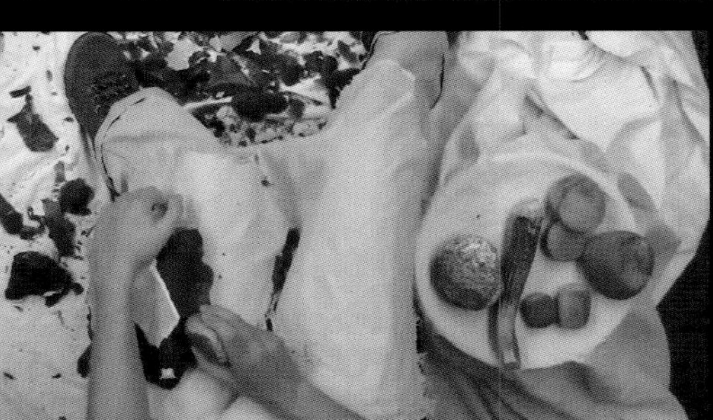

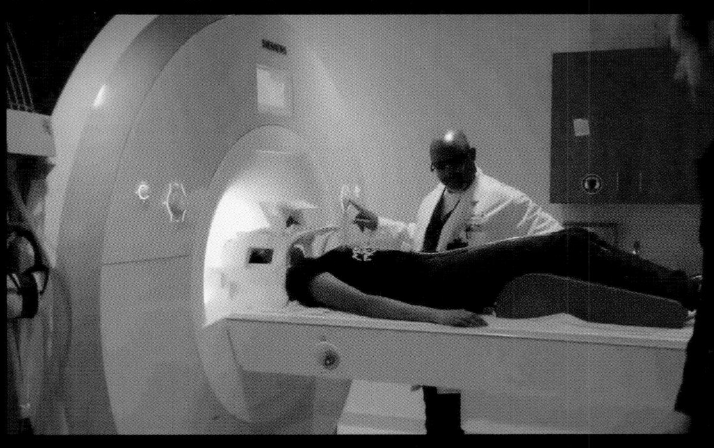

◀被験者の脳では、言語機能を司る「ブローカ野」という部分が活性化していたことがわかった。赤い部分が活性化している領域。道具作りと言語能力は似たような構造を持っているとスタウト教授は分析する。

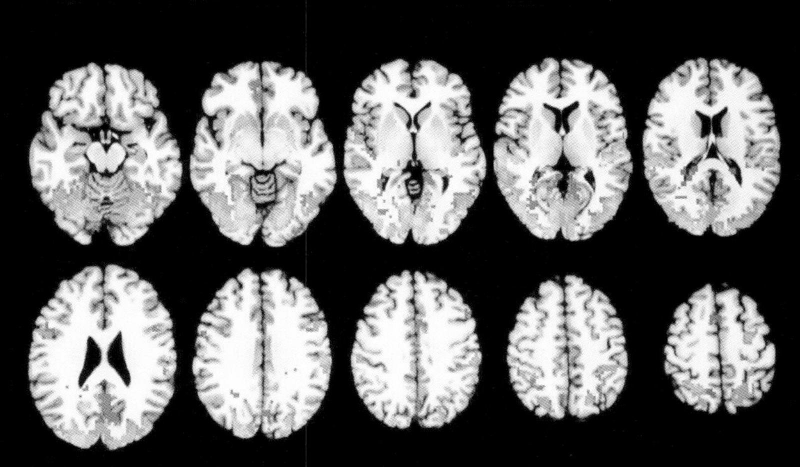

◀▼モニター画面で MRI 画像をチェックするスタウト教授。黄色い丸で囲まれた部分がブローカ野。

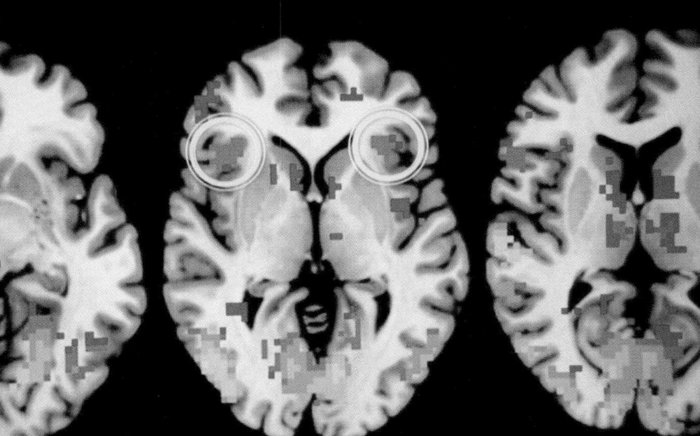

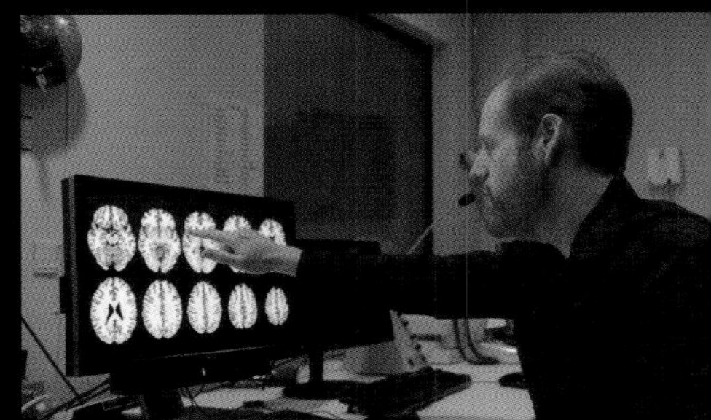

ついに、世界中へ拡散していったホモ・サピエンス

ユーラシア大陸に拡散したホモ・サピエンスは、アジアからオーストラリアへ、またアメリカへと拡がっていった。そして最後に、太平洋とインド洋に浮かぶ小さな島々にも渡っていった。

アジアからアメリカ大陸へ陸続きだったベーリング海峡を渡った

ユーラシア大陸に広く拡散したホモ・サピエンスは、やがてアメリカ大陸へと進出していく。ミトコンドリアDNAの調査でも、アメリカ大陸の先住民がアジアからやってきたことを示唆している。

サピエンスがアメリカ大陸へ進出した時期は、1万5000年前頃と考えられているが、はっきりはしていない。また、どのようにしてアメリカ大陸へ渡ったのかについても、いくつかの仮説が立てられている。一般的には北東アジアからベーリング海峡を越えたと考えられている。

約3万～1万年前の氷期には、海水面が低くなっていたため、現在のベーリング海峡は陸続きのベーリンジア陸橋となっていた。約2万～1万5000年前、サピエンスの一団がベーリンジア陸橋からアラスカに到達していたようだが、北アメリカ北部の氷床に阻まれ、それより南には進めなかったらしい。やがて、約1万2000年前に氷床の一部がとけて回廊ができた（無氷回廊）ので、サピエンスは移動するトナカイを追って回廊を通り、アメリカ大陸全体へ進出できたと考えられている。

ところが、チリのモンテ・ヴェルデ遺跡からは、いくつかの穴や炉の跡、道具類、食物などが見つかっており、これが約1万4000年前の住居跡と見られている。そこで、1万5000年前より以前に、ベーリンジア陸橋から北アメリカの海岸伝いに、舟を使って移動したのではないかとも推測されている。アラスカのイヌイット族は、細い骨組みに皮を張ったカヤックを何千年も前から使っている。水をかぶっても沈まないカヤックなら、海岸沿いにすばやく移動できたかもしれない。

サピエンスが舟を使ってアメリカ大陸沿岸を移住したという証拠は見つかっていない。今後、海洋考古学が発展し、海中に沈んだ遺跡が見つかれば、サピエンスがアメリカ大陸でどのように暮らし、移動したのかが明らかになるかもしれない。

サピエンス最後の拡散は太平洋の島々への遠洋航海だった

スンダランドからオーストラリアへ、ユーラシアからアメリカへ。南極を除くすべての大陸へと進出したサピエンスは、やがて太平洋に浮かぶミクロネシアやメラネシア、ポリネシアの島々、そしてインド洋の島々にも拡がっていった。それは、約3000年前以降という、考古学的スケールからいえば最近の出来事だ。

太平洋の島々へと拡散したサピエンスは、何艘かの大型カヌーによる船団を組み、島々を移動したと考えられる。大海原を移動するためには、高度な操船術に加えて航海術も重要になってくる。彼らは、星の位置を頼りに進むべき方向を判断したのだろう。そうした熟練の船乗りたちによって、サピエンスは世界中の海にまで拡散したのだ。

私たちの祖先であるサピエンスは、数万年という時間をかけて世界の各地へと拡がり、たどりついた地域の環境に適応して、それぞれの文化を発展させていったのだ。

世界に拡散したサピエンスの足跡

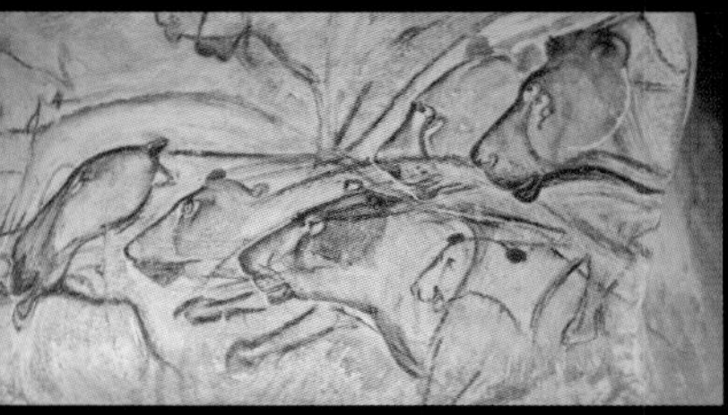

▲◀ヨーロッパに進出したサピエンスの文化的遺物。「ショーヴェ洞窟壁画」（上）と最古の象牙彫刻像「ライオンマン」（下）。

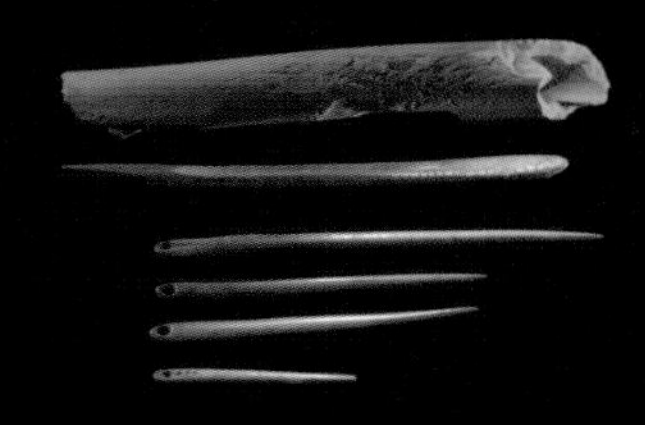

▲シベリアに進出したサピエンスの遺跡・ヤナRHSから出土した、動物の骨でできた「縫い針」。

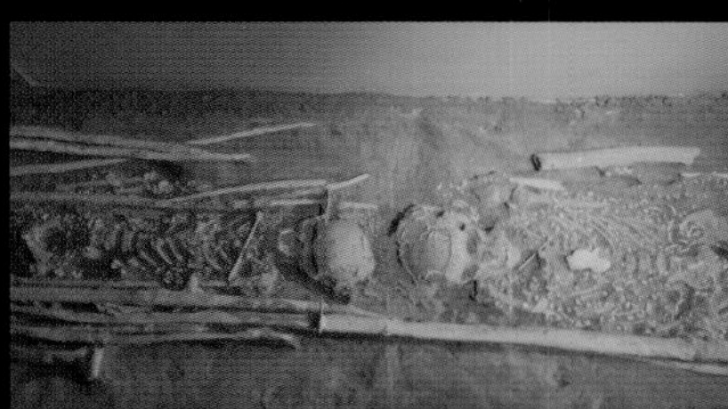

▲ロシアのスンギール遺跡で発見された、埋葬された2人の子供（上）と、50匹のホッキョクギツネの骨で作られた頭飾り（下）。

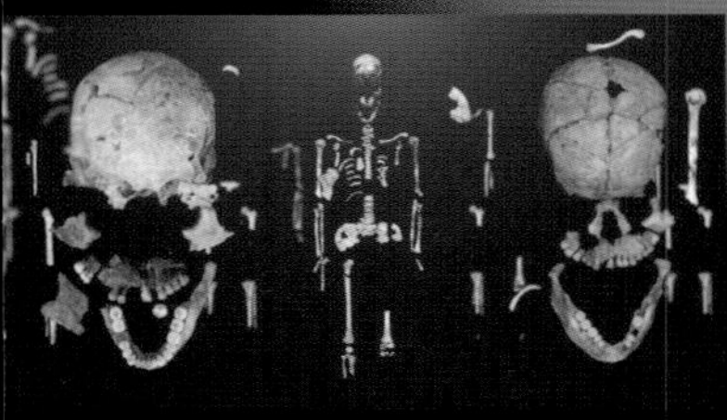

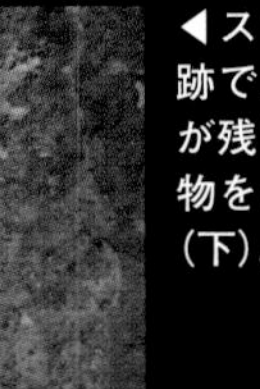

◀沖縄・石垣島で発見された白保人の化石骨。

▲チリのサピエンス遺跡・モンテ・ヴェルデ（写真提供：名和昌介）。

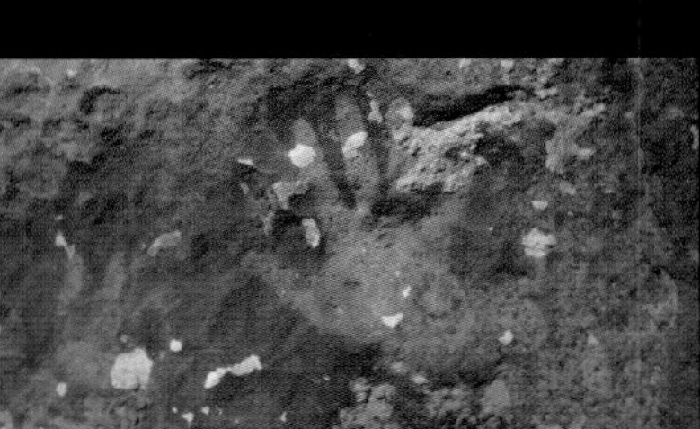

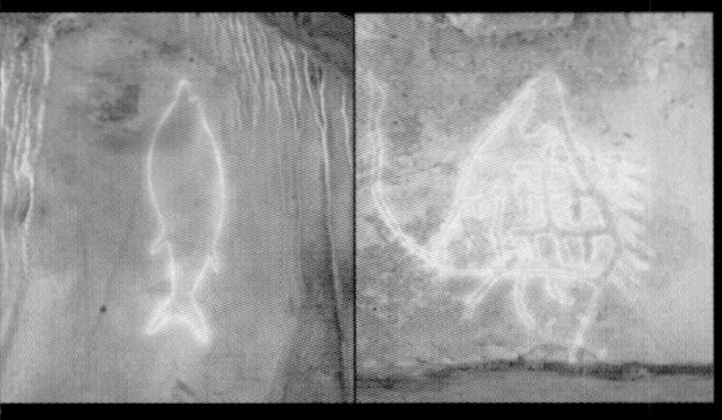

◀スラウェシ島・マロスの遺跡で見つかった、サピエンスが残した手形の壁画（上）。動物をかたどったとされる壁画（下）。

▶アルゼンチンのサンタ・クルスにあるサピエンスの洞窟遺跡「クエバ・デ・ラス（手の壁）」。約9000年前から先住民によって描かれた壁画が残されている（写真：photolibrary）。

あとがき　ご先祖さまから子孫たちへ

馬場悠男

ちかごろ、歳のせいか、ご先祖さまのことが気になる。「ファミリー・ヒストリー」としての父母や祖父母のことだけでなく、自分の魂が回帰する大昔のご先祖さまのことだ。

そんなとき、NHKから久しぶりに監修の依頼があった。「人類誕生」という番組で、ご先祖さまの姿をスクウェア・エニックスと協力してCG映像で再現するという。それなら、30年ほど前から国立科学博物館でローテク・アナログ・リアルな職人芸的模型復元を監修してきたノウハウが、ゲームメーカーの最高峰が作るハイテク・デジタル・ヴァーチャルなCG映像復元のお役に立てるかもしれないと思った。

ご先祖さまは弱いが幸運だった

担当の末次徹ディレクターや柴田周平チーフ・プロデューサーによると、人類の進化を、サクセスストーリーではなく、何度も絶滅の危機に瀕しながら、仲間と協力し、幸運にも生き延びてきたストーリーとして描きたいとのことだった。つまり、ご先祖さまはエリート街道まっしぐらではなかったのだ。私の望むところでもあった。

それから、番組制作スタッフは世界中を飛び回り、現在進行形で調査が行われている遺跡や最新の分析をしている実験室を訪ね、ご先祖さまの身の上に起こった驚きの事実や新しい仮説（ちょっぴり怪しいのもある）を、山ほど取材してきた。それらを精査・取捨選択して、波乱万丈のご先祖さま進化ストーリーができあがったのだ。

事実だけでも想像だけでも作れない

復元映像を作るためには、CG制作スタッフおよび番組制作スタッフ、そして監修者とのあいだの共通認識と率直な協議が欠かせない。基本的には、調査研究されている事実に基づいて、それぞれの人類種がどのような特性を持ち、どのように行動したかを検討した。顔立ちや体つき、そして姿勢は化石の形態分析から復元できた。歩き方は、モーション・キャプチャーの技術を使ってパントマイム役者さんに歩いてもらい、そのデータをCG映像に取り込んだ。

化石の証拠からではわからない特徴、たとえば皮膚の色は濃かったか、体毛はあったか、鼻の軟骨は隆起していたか、白目は見えていたかなどは、人類進化の傾向から判断し、ヒト以外の動物の状態も参考とした。さらに、当時の環境を復元するために、各分野の専門家の知恵を集めた。ラミダスのオスがメスにあげる果物も、チンパンジーの喜ぶイサカマを採用した。そして、CG制作スタッフの高度な技術と最大限の努力のおかげで、実写以上の素晴らしい映像が完成したのである。単に姿や能力がわかるだけでなく、彼らの気持ちまで、子供にもわかるのではないだろうか。

できあがった番組を観ると、弱いが故に協力し合って生き延びたご先祖さまがなんともいとおしく、心から感謝の気持ちがわいてくる。番組は大成功だった。

自然環境と人類進化

忘れていたことがある。子孫たちにとっては、私たちがご先祖さまになるのだ。では、子孫たちの「ファミリー・ヒストリー」に登場する私たちは、彼らから感謝されるだろうか。答えは、私たちのこれからの暮らし方にかかっている。

人類は、もともとは森に住む類人猿の一種でしかなかった。それが、いまや、地球上に満ちあふれ、環境を破壊し、子孫たちとの共有財産であるはずの資源を浪費している。人類進化を振り返ってみると、人類と環境との関係は、従属→恭順→共存→収奪と変化してきたようだ。私たちは、どこかで間違ったらしい。

700 万年前 …人類の誕生　アフリカの森林と疎林　直立二足歩行　犬歯退化　環境に従属
240 万年前 …ホモ属の誕生　草原に完全進出　道具使用　脳の拡大　環境に恭順
20 万年前 ……サピエンスの誕生　創造的戦略的思考　文化的適応　環境と共存　←怪しい
1 万年前………農業革命　文明の発祥　現在環境からの収奪　地域文明の危機　←ここか
300 年前 ……産業革命　化石燃料使用　過去環境からも収奪　世界文明の危機　←ここだ

共感と思いやりを未来へ向ける

孫や曾孫、さらには 22 世紀の人類に、平和で持続可能な世界を遺すために、私たちはどうするべきなのだろうか。

「人類誕生」の番組で取り上げたように、私たちのご先祖さまは、人類進化の過程で共感能力と思いやりの心を発達させてきた。その共感と思いやりの対象を、現在の仲間だけでなく未来の子孫たちにまで拡大し、私たちが自らを律することができるかどうかが問われている。

私たち日本人は、自然に恵まれた日本列島で、縄文時代から近世まで、1 万年以上にわたって、環境とのつき合い方を工夫し、身の丈サイズのつつましやかな生活を送ってきた。そこに学ぶべきものがあるだろう。

索引／INDEX

●数字／アルファベット

●ア行

●カ行

●サ行

●タ行

●【NHK スペシャル「人類誕生」放送記録】

第1集　こうしてヒトが生まれた
2018年4月8日（日）放送

●取材協力：
国立科学博物館、京都大学、ウィスコンシン大学、エモリー大学、ケント州立大学、ハーバード大学、エチオピア国立博物館、ジョージア国立博物館、マハレ山塊国立公園、ンゴロンゴロ保全地域、大沼克彦、海部陽介、門脇誠二、河野礼子、斎藤成也、佐野勝宏、篠田謙一、高畑尚之、冨田幸光、中村美知夫、早川卓志、松沢哲郎、山縣耕太郎、横山祐典
●資料提供：
千葉大学環境リモートセンシング研究センター、CSIRO Australia、NASA、John Gurche、©P.Plailly, E.Daynes / LookatSciences, ©S.Entressangle, E.Daynes / LookatSciences、Kennis & Kennis / Moesgaard、Cro Magnon / Alamy Stock Photo
●出演：高橋一生、馬場悠男、和久田麻由子
●声の出演：青二プロダクション
●音楽：大間々 昂、兼松 衆
●撮影：高津裕治
●技術：重永明義
●音声：塩田 貢、小野寺寿之
●照明：大木豊男
●映像技術：鴻巣太郎
●CG 制作：スクウェア・エニックス
●グラフィックデザイン：大島貴明
●VFX：林 伸彦
●映像デザイン：清 絵里子
●音響効果：高石真美子
●コーディネーター：中野智明、福原顕志
●リサーチャー：菅 将仁
●構成：たむらようこ
●編集：渦波亜朱佳
●ディレクター：末次 徹
●制作統括：柴田周平、松本浩一
●国際共同制作：PTS（台湾）、CuriosityStream（アメリカ）、Autentic（ドイツ）、S4C（イギリス）

第2集　最強ライバルとの出会い そして別れ
2018年5月13日（日）放送

●取材協力：
国立科学博物館、デューク大学、ライデン大学、ミュンヘン大学、テルアビブ大学、
マックス・プランク進化人類学研究所、オックスフォード大学、イェール大学、ジブラルタル博物館、ウルム博物館、スミソニアン国立自然史博物館、大英自然史博物館、ウラジミール・スーズダリ博物館、ブラウボイレン先史博物館、阿部彩子、五十嵐ジャンヌ、犬塚則久、大槻 久、大坪庸介、海部陽介、門脇誠二、佐野勝宏、高畑尚之、冨田幸光、西秋良宏、馬場悠男、山本真也、横山祐典、米田 穣
●資料提供：
John Gurche、©P.Plailly, E.Daynes / LookatSciences、©S.Entressangle, E.Daynes / LookatSciences、Kennis & Kennis / Moesgaard、Cro Magnon / Alamy Stock Photo、Shutterstock、Pond5
●出演：高橋一生、長谷川眞理子、和久田麻由子
●声の出演：青二プロダクション
●音楽：大間々 昂、兼松 衆
●撮影：高橋 剛
●技術：重永明義
●音声：塩田 貢、長谷川真悟
●照明：大木豊男
●CG 制作：スクウェア・エニックス
●グラフィックデザイン：大島貴明
●VFX：元生晃司
●映像デザイン：清絵里子
●音響デザイン：高石真美子
●コーディネーター：ドラブル安恵、小杉美樹
●リサーチャー：菅 将仁
●構成：たむらようこ
●編集：梅本京平
●ディレクター：山森英輔
●制作統括：柴田周平、松本浩一
●国際共同制作：PTS（台湾）、CuriosityStream（アメリカ）、Autentic（ドイツ）、S4C（イギリス）

第3集　ホモ・サピエンス ついに日本へ！
2018年7月15日（日）放送

●取材協力：
国立科学博物館、国立台湾史前文化博物館、大阪大学、東海大学、北海道大学、能登町 真脇遺跡縄文館、オーストラリア国立大学、フリンダース大学、在日インドネシア共和国大使館、インドネシア国立考古学センター、東ティモール文化庁、グリフィス大学、クイーンズランド大学、南オーストラリア博物館、サハ共和国国際関係局、ロシア科学アカデミー、池谷信之、小野林太郎、片桐千亜紀、加藤博文、河野礼子、佐々木史郎、篠田謙一、思 沁夫、出口晶子、馬場悠男、藤田祐樹、藤本由紀夫、宮尾 真、門田 修、山崎敦子、横山祐典、渡邊 剛、臧 振華、プソン・イツクイ・ラワイ
●資料提供：
沖縄県立博物館・美術館、沖縄県立埋蔵文化財センター、北海道立埋蔵文化財センター、北海道立北方民族博物館、米国立公文書館、Aflo、Getty Images、Reuters、Shutterstock、Critical Past、Hemis / Alamy Stock Photo、NASA、John Gurche、TRIBALLICA、© P.Plailly, E.Daynes/LookatSciences、© S.Entressangle, E.Daynes/LookatSciences、Kennis&Kennis / Moesgaard、Cro Magnon / Alamy Stock Photo、Dr. Armando Falcucci, Dr. Veerle Rots, University of Tübingen、Dr. Marie Soressi, Leiden University、出穂雅実、Karisa Terry、郭 天佚、門脇誠二、張 恆瑞、山本耀也、
●出演：高橋一生、海部陽介、和久田麻由子、キャット上原（猫ノカケラ）
●声の出演：青二プロダクション
●音楽：大間々 昂、兼松 衆
●撮影：長田正道

●技術：重永明義
●音声：森嶋 隆
●照明：松本 豊
●映像技術：石政稔規
●グラフィックデザイン：大島貴明
●VFX：元生晃司
●CG制作：スクウェア・エニックス
●映像デザイン：清 絵里子、野島嘉平
●音響デザイン：高石真美子

●コーディネーター：藤樫寛子
●リサーチャー：菅 将仁
●構成：たむらようこ
●編集：澤村宣人
●ディレクター：三角恭子、安本浩二
●制作統括：柴田周平、松本浩一
●国際共同制作：PTS（台湾）、CuriosityStream（アメリカ）、Autentic（ドイツ）、S4C（イギリス）

●主な参考文献

『NHK カルチャーラジオ 科学と人間　私たちはどこから来たのか　人類 700 万年史』（馬場悠男著／ NHK 出版）
『NHK スペシャル　人類誕生　大逆転！　奇跡の人類史』（NHK スペシャル「人類誕生」制作班著／馬場悠男、海部陽介監修／NHK 出版）
『我々はなぜ我々だけなのか　アジアから消えた多様な「人類」たち』（川端裕人著／海部陽介監修／講談社ブルーバックス）
『改訂普及版　人類進化大全　ー進化の実像と発掘・分析のすべてー』（クリス・ストリンガー、ピーター・アンドリュース著／馬場悠男、道方しのぶ訳／悠書館）
『人類の祖先はヨーロッパで進化した』（デイヴィッド・R・ビガン著／馬場悠男、野中香方子訳／河出書房新社）
『朝日ビジュアルシリーズ　週刊　地球 46 億年の旅 40』（馬場悠男監修／朝日新聞出版）
『朝日ビジュアルシリーズ　週刊　地球 46 億年の旅 42』（馬場悠男監修／朝日新聞出版）
『朝日ビジュアルシリーズ　週刊　地球 46 億年の旅 43』（馬場悠男監修／朝日新聞出版）
『人類がたどってきた道』（海部陽介著／ NHK 出版）
『シリーズ進化学　ヒトの進化』（斎藤成也、諏訪 元、颯田葉子、山森哲雄、長谷川眞理子、岡ノ谷一夫著／岩波書店）
『学研まんが　ヒトの進化のひみつ』（馬場悠男監修／学研プラス）
『季刊考古学』第 118 号　特集：古人類学・最新研究の動向（雄山閣）
『ネアンデルタール人は私たちと交配した』（スヴァンテ・ペーボ著、野中香方子訳／文藝春秋）
『日本人はどこから来たのか？』（海部陽介著／文藝春秋）
『DNA で語る 日本人起源論』（篠田謙一著／岩波書店）
『人類の進化大図鑑』（アリス・ロバーツ編著／馬場悠男監修／河出書房新社）

●主な参考サイト

国立科学博物館　https://www.kahaku.go.jp/
日本科学未来館　http://www.miraikan.jst.go.jp/
日本地質学会　http://www.geosociety.jp/
海洋研究開発機構　https://www.jamstec.go.jp/j/
東京大学大気海洋研究所　http://www.aori.u-tokyo.ac.jp/index.html
ナショナルジオグラフィック　http://natgeo.nikkeibp.co.jp/
日経サイエンス　http://www.nikkei-science.com/
大学ジャーナルオンライン　http://univ-journal.jp/

本書は、2018 年４～７月に放送された「NHK スペシャル 人類誕生」全３回の番組の内容を書籍化したものです。
書籍化にあたり、新たな情報を入れるとともに、写真、図版、イラストを追加したところもあります。
文中に出てくる研究者等の肩書につきましては、番組放送当時のままとしてあります。

NHK スペシャル「人類誕生」制作班

人類史の番組のために編成されたNHKのプロジェクトチーム。プロデューサー・柴田周平、松本浩一、ディレクター・末次徹、山森英輔、三角恭子、安本浩二の6名からなる。膨大な資料を読み込み、国内外の専門家と最新の発掘現場を取材し、スクウェア・エニックスと科学的根拠に基づいた人類の祖先のCG制作を進め、2年の歳月をかけてNHKスペシャル「人類誕生」(全3回)を制作。人類の祖先と進化の歴史を、その場で見たかのようなリアルさをもって映像化することに成功した。

馬場悠男(ばば・ひさお)

国立科学博物館名誉研究員。専門は自然人類学。医学博士。1945年東京都生まれ。元東京大学大学院理学系研究科生物科学専攻教授(兼任)。元日本人類学会会長。主な著書や翻訳・監修書に、『NHKカルチャーラジオ 科学と人間 私たちはどこから来たのか 人類700万年史』(NHK出版)、『人類の進化大図鑑』(河出書房新社)、『NHKスペシャル 人類誕生 大逆転!奇跡の人類史』(NHK出版)、『学研まんが 新・ひみつシリーズ ヒトの進化のひみつ』(Gakken)など多数。

【協　　力】株式会社NHKエンタープライズ(井石 綾、楠元良一)
独立行政法人国立科学博物館

STAFF
【編集制作】株式会社オリーブグリーン(大野 彰)
【編集協力】ビーンズワークス株式会社
【執　　筆】出口富士子(PART1、PART2)
水野寛之(PART3)
【図版作成】有限会社ケイデザイン、中村彩香、森山 典
【装丁デザイン・DTP・撮影】
三嶽 一(Felix)

NHKスペシャル 人類誕生

2018年8月21日　第1刷発行
2023年7月23日　第3刷発行

編著者　NHKスペシャル「人類誕生」制作班
監修者　馬場悠男
発行人　松井謙介
編集人　長崎 有
編集担当　早川聡子

発行所　株式会社ワン・パブリッシング
〒110-0005　東京都台東区上野3-24-6
印刷所　凸版印刷株式会社

●この本に関する各種お問い合わせ先
内容等のお問い合わせは、下記サイトのお問い合わせフォームよりお願いします。
https://one-publishing.co.jp/contact/
不良品(落丁、乱丁)については　Tel 0570-092555
業務センター　〒354-0045 埼玉県入間郡三芳町上富279-1
在庫・注文については書店専用受注センター Tel 0570-000346

ワン・パブリッシングの書籍・雑誌についての新刊情報・詳細情報は、下記をご覧ください。
https://one-publishing.co.jp/

★本書は『NHKスペシャル 人類誕生』(2018年学研プラス刊)を再刊行したものです。